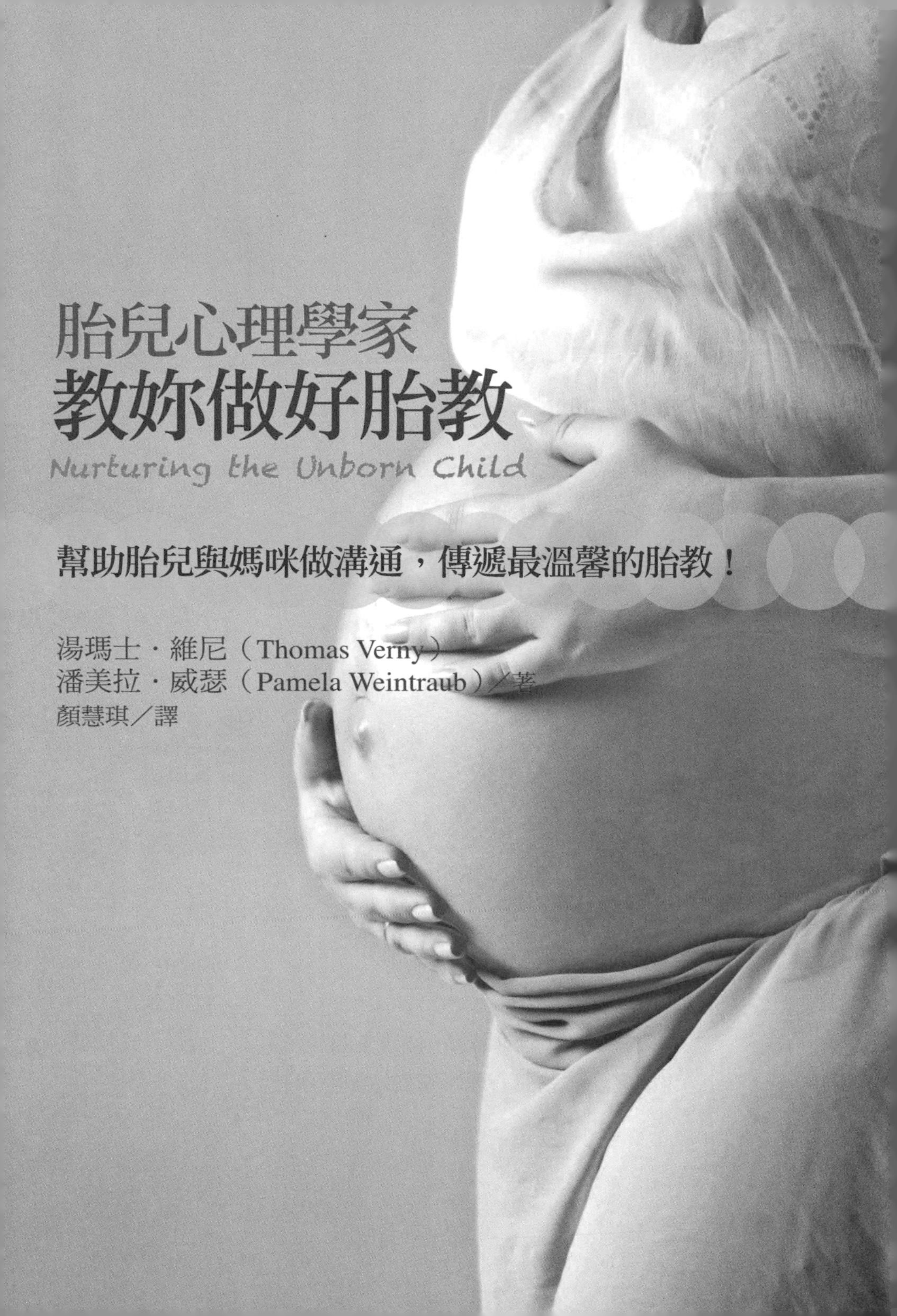

胎兒心理學家教妳做好胎教

Nurturing the Unborn Child

幫助胎兒與媽咪做溝通，傳遞最溫馨的胎教！

湯瑪士・維尼（Thomas Verny）
潘美拉・威瑟（Pamela Weintraub）／著
顏慧琪／譯

本書原名為《孕媽咪26個優生胎教法》
現易名為《胎兒心理學家教妳做好胎教》

前言

本書是婦女在懷孕一個月到九個月期間，媽媽與胎兒溝通的最佳寶典。

作者湯瑪士．維尼博士是「胎兒心理學」專家，在國際間相當具有知名度。他和潘美拉．威瑟以其豐富的經歷，運用淺顯的文字，深入探討在懷孕過程中，媽媽如何與胎兒在心理及身體上共同成長，並介紹能讓孕婦消除壓力、遠離焦慮、保持愉快的心情，進而得以順利生產的尖端醫學——胎教法。

如果告訴一位孕婦說，她的胎兒能聽到媽媽的聲音，感覺到媽媽的愛，這位孕婦一定會大表同意。而這種媽媽以直覺知道的事，卻是科學家們近年來才獲得的發現：胎兒是具有高度感覺能力的個體，當他們還在子宮時，就已經和父母們以及外在的世界，形成一種強而有力的關係。

近十年來的醫學研究報告指出：胎兒在媽媽的子宮內，逐漸形成人格，成為具有情感及知覺的人。媽媽的子宮是胎兒唯一的環境，媽媽的所有行為及情感，對胎兒而言都具有重要的影響，因而胎兒在子宮的這段期間十分重要。

本書所介紹的胎教法，具有消除孕婦內在壓力的效果，可以使妳的情緒得到充分的放鬆，並學習如何在懷孕期間消除所有的恐懼和不安。

如果妳正在懷孕，那麼不妨加入這個行列，與我們共同體認把愛和接納傳達給胎兒的重要性。近年來，科學對這項體認有了不少進展，最新的研究證實了媽媽的直覺，顯示出胎兒看得見也聽得見，能夠記憶也能思考，甚至有的研究人員還利用新知識發展出一系列精細有效的技巧，藉以幫助妳和胎兒做溝通。

「胎教法」是根據人類的自然發展，所提出的一套簡單、能逐步實行的方法。這套計畫是從懷孕的第一個月開始，完全針對媽媽及胎兒在不同時刻的不同需要而設計。有的必須在懷孕期間重複進行，有的只在某一特定時間進行，而有的只需進行一次。

這套胎教法以科學而有效的練習，協助準父母在懷孕到生產結束後的這段期間，放鬆他們的情緒，並教導他們在呵護與刺激胎兒的同時，能與胎兒做良好的溝通，進而得以順利生產。

「胎教法」能幫助媽媽增進調適情緒的能力，以及提昇妳的自信並強化妳與配偶之間的親密關係，這些練習將使即將有寶寶誕生的這個家庭更形穩固。而擁有一個強健、和諧的家庭這個觀念，也是胎教法中極為重要的一部分。

如果妳能有效地使用本書，妳將會在精神上不斷地成長，更深入地了解自己；並且將所有母性慈愛的光輝，用最直接的方法傳達給親愛的寶寶，使妳達到胎教法的最終目的——消除壓力、遠離焦慮、保持愉快的心情，並得以順利生產。

Content

第5章 懷孕第六個月——觸覺發達期

第7章 懷孕第八個月——使生產更順利

第 1 章

尖端醫學所傳授的「胎教法」

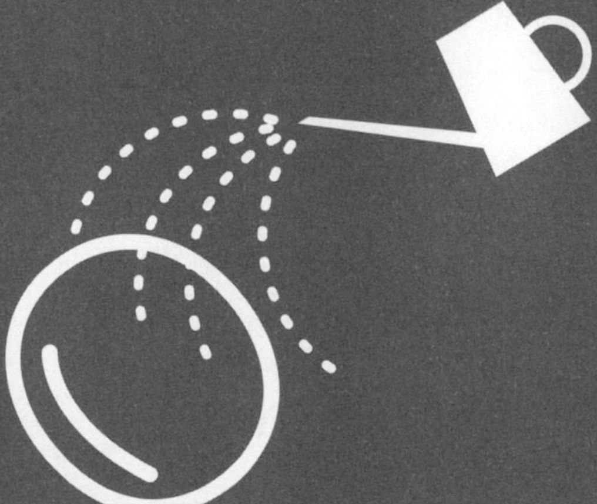

媽媽與胎兒傳達愛的秘訣

胎兒具有良好的聽、看能力

關於胎兒如何在媽媽腹中發育的問題——醫學及心理學研究的大幅進步，實際上是近二十年來的事。此後這方面的研究有許多驚人的發現，並且在國際性的研討會中被承認。這一類的研究，我們稱為「出生前心理學」及「週產期心理學」，大部分是致力於胎兒感覺能力的研究上。

我們現在已經確知受胎後四個月的胎兒，具有相當敏銳的觸覺及味覺。胎兒的嘴唇一受到刺激，就會做出吸吮的動作；若是在羊水中注入苦味的液體（如碘），胎兒便會皺起眉頭，而停止喝羊水。

此外，受胎後四個月的胎兒也能感受到照在媽媽腹部上的光，光線太強的話，他甚至會用手去遮眼睛。到了第五個月，對於外在聲音的刺激，也會摀住耳朵。

在近十年來最尖端的研究當中，北卡羅萊納州州立大學的心理學家安東尼・德卡斯巴，更證實八個月大的胎兒即具有記憶能力。他在報告中指出，胎兒在子宮內已經能夠聽見人們的談話，並具有辨別聲音的能力。

✿腹中胎兒也有人格

除了上述令人驚異的感覺能力之外，神經學家更認為，胎兒可能具有「意識」的初步型態。

紐約市愛因斯坦醫科大學的神經學家布米尼克・芭芭拉，以最新的顯微鏡技術來研究胎兒的大腦，得到上述的結論。確定受胎後二十八週到三十七週的胎兒大腦皮質，已經發達至足以思考的能力，其神經組織與新生兒幾乎沒有什麼兩樣。

其他的研究學者更指出，經由胎兒腦波的測定，顯示胎兒的睡眠與成人作夢時的生理測定值一致。

所以，生物學家、心理學家、神經學家們都把胎兒定位於「具有感官能力及初步學習能力的個體」。心理學家們更進一步表示，胎兒在媽媽的子宮內逐漸形成人格，成為具有情感及知覺的人。而胎兒的人格是透過和父母，特別是和媽媽密切的溝通所形成的。

胎兒與媽媽共憂喜

媽媽與胎兒生理上的交流，是母子之間溝通的第一步。媽媽的飲食會透過血液傳達到胎兒體內，所以懷孕期間必須避免抽菸、喝酒或服用藥物。

另外，根據最新的研究顯示，媽媽與胎兒的交流不只是生理上，媽媽的心理狀態也會對胎兒造成重大的影響。

所以，懷孕中的婦女若承受嚴重的心理壓力時，體內就會產生緊張、焦慮的荷爾蒙（腎上腺素等），然後透過血液，將緊張的訊息傳達給胎兒，使胎兒也承受和媽媽一樣的壓力。

根據調查顯示，在戰爭期間所孕育出來的嬰兒，其不充分成熟的機率較高，體重較一般標準為低，過於敏感而不沉穩，容易焦慮、脾氣不好。有的嬰兒由於過度吸吮拇指，造成拇指的發育不完全；有的嬰兒才出生幾天，就發現有十二指腸潰瘍的情形。

這些當然都是極端的例子。一般來說媽媽的緊張壓力並不會造成如此嚴重的傷害，所以請不必過分憂慮。

✿母子行為上的雙向溝通

媽媽與胎兒溝通的下一階段要靠的是行動。

這種形式的溝通，必須透過媽媽的活動來進行。媽媽慈祥地撫摸肚子，對著胎兒唱歌、說話或跳舞（由爸爸或其他的家人來進行也可以），胎兒都能實際感受到媽媽的存在，胎兒有時會以踢肚子來回應媽媽。

就像媽媽聽到嬰兒的哭聲，就能馬上分辨出是「肚子餓」或是「該換尿布」一樣，懷孕中的婦女也能在胎兒踢肚子的時候，感覺到他是在表達喜悅或憤怒。

這種行為上一來一往的交互作用，同時也在精神上造成影響。胎兒能夠感覺到媽媽情感或思想上的變化，而有所回應的能力，我們稱之為「精神溝通能力」。

胎兒對於語言或行動上的溝通都有感覺能力，並且有敏銳的反應。當媽媽輕輕撫摸腹部，並且充滿感情地說：「你好，親愛的寶寶！」胎兒就能感受到自己被愛。

想想看，我們成年人不也是依靠愛、讚賞及尊重而生存的嗎？胎兒當然不能在沒有愛的情況下成長。

✿平靜的妊娠生活是胎兒最大的保障

心理學家們發現，只要媽媽的心裡一想到抽菸這件事，即使只是嘴巴叼根菸，根本沒有點火，胎兒的精神就會呈現出緊張的狀態，造成心跳的不規則。

所以，懷孕期間的婦女，絕對不可以有不利胎兒成長環境的行為或想法。相反地，努力去經營平穩健朗的心情，才是胎兒成長的最大保障。

出生的環境或周遭人的反應，新生兒都有相當程度的感知能力。所以，醫院分娩室的強烈燈光、機械發出來的聲音，以及嚴肅、緊張的人為氣氛等等，都會給胎兒留下深刻的印象。

研究證實，的確有人可以正確記憶自己從媽媽體內出來的情形。透過專業醫師的催眠術，追溯自己如何扭曲身體、如何通過產道，甚至連分娩室的佈置、醫生的模樣和當時的對話，都能清楚地描述出來。

✿激發胎兒的潛在能力

胎兒及新生兒具有優異的感受能力已是不爭的事實，而在子宮內成長及自媽媽體內出來的經驗，對於其人格形成有深遠的影響，自然也是無庸置疑的。

所以，妳一定要用最平穩的心情來度過妊娠期，並且隨時將妳的關愛傳達給寶寶，以充滿喜悅和期待的態度面對生產。

事實上，妳可以藉助出生前心理學及週產期心理學的知識，用尖端醫學研究出的胎教法，激發孩子最大的潛能，並造就孩子完整的人格。

尖端醫學的胎教不同於從前的胎教

消除懷孕期間的壓力

本書所介紹的胎教法，具有消除孕婦內在壓力的效果。這套計畫是根據自然的階段性來規劃的，可以使妳的情緒獲得充分的放鬆，學習如何在懷孕期間平息所有的恐懼和不安。而唯有在最平穩的心理狀態下，妳才能夠面對隱藏在自己內心深處最真實的情感。

除了消極地解除壓力之外，透過本書所介紹的胎教練習法，更能積極地激發出妳內在的潛能。

在妳心裡產生不安或恐懼這類否定的情感時，教妳如何面對它、克服它。例如妳跟先生、父母或朋友之間出現衝突時，能夠充分解決而不影響感情的方法。

當妳勇敢地面對情緒低潮，真正去解決問題時，這種否定情感便會漸漸發酵，轉變為正面而肯定的想法。

✿加強母子連繫的過程

尖端胎教法的第二個功效，就是幫助妳和胎兒之間建立堅強而有力的連繫。

運用談話、音樂、動作等自然的溝通方式，使你們夫婦倆對胎兒的愛和期待，充分傳達給腹中的胎兒知道。並且利用心理學上的想像訓練，來搭建妳與孩子之間溝通的橋樑。

總之，本書所介紹的胎教訓練，可以使妳超越自己情感的糾葛，將溫馨的母愛傳達給胎兒，穩定胎兒的心情、激發胎兒的潛能。

為了讓妳擁有豐富且充實的妊娠體驗，孕育出活潑健康的下一代，書中介紹了所有最尖端的心理學，希望妳能透過唱歌、跳舞、想像、瑜珈或按摩等等不同的方式，達到最大的效果。

✿如何使用本書

本書所設計的胎教，完全是針對媽媽及胎兒在不同時刻的不同需要，有的單元必須在懷孕期間重複進行，有的只在某一特定時間進行，有的只需進行一次。

比方說，消除緊張壓力的鬆弛訓練，在懷孕初期就已經介紹，但整個孕期應該不斷重複這個練習。而運用語言來溝通的訓練，必須在胎兒已經具備聽覺能力時才能開始進行，所以受胎五個月之前並沒有這項練習。

本書從懷孕第一個月到生產，每個階段分別介紹適合媽媽需要及胎兒成長的胎教訓練。總計有二十六個練習，各練習均附有名稱及編號，方便妳查詢參考。

另外，每個練習單元都列有簡表，其方式及內容如下：

- **練習的目的**：此一練習應該達到的目標。

・**方法或道具**：進行練習時，所使用的方法或道具。例如音樂帶、筆記本、日記簿等。

・**參加者名單**：列出參與這項練習的人，譬如妳自己、妳的丈夫、妳的胎兒和其他的兄弟姊妹等。

・**進　度**：這項練習所需的時間及練習次數。

舉個例子來說，命名為「音樂萬歲」的練習，是緩和孕婦緊張及壓力的訓練，其簡表如下：

目　的：利用音樂來緩和緊張。
方　法：音樂CD、錄音帶。
參加者：媽媽和胎兒。
進　度：一週至少兩次，每次一小時，適於整個孕期。

第2章

懷孕初期三個月
——為人母的第一步

❤將祝福傳遞給寶寶的基本方法❤

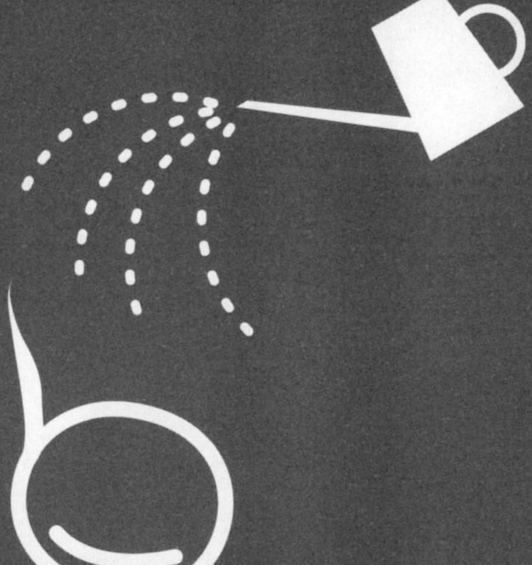

迎接生產必須具備積極的心態

恭喜妳懷孕了！

現在妳的心情一定很複雜，既高興又惶恐；如果是頭一胎，或許會更加無所適從了。

所以，妳第一件要做的事，就是整理整理自己的心情。

請妳把所有否定的情緒，一一轉變為肯定的情緒。因為在胎兒成長的過程中，最迫切需要的就是媽媽的關愛與平靜的心情。

關於這一點，德國康斯坦丁大學的心理學家摩尼卡．盧凱旭博士做過一項有趣的調查。

他是以兩千名經濟和知識水準相當的孕婦為實驗對象，想找出在醫療品質及物理條件皆相同的情況下，媽媽的態度對胎兒所造成的影響。

研究結果顯示，在期待中，備受呵護而生下來的孩子，比其他的小孩健康優秀得多。

所以我們可以肯定，胎兒必須在充滿愛的環境中成長。

記住！胎兒沒有妳的愛，就像妳沒有空氣和食物一樣，是無法生存下去的。

這個階段所要學習的就是懷孕期間應該保持的態度，而且必須持續地練習。

能安定精神的巴洛克音樂

科學家指出，諸如巴哈、舒伯特、韓德爾、莫札特、韋瓦第等巴洛克時代的音樂節奏，和正常人休息時的心跳幾乎一致，約為每分鐘六十到七十拍。

保加利亞的精神醫學家羅沖諾夫，讓學生們聽莫札特的音樂來提高集中力，效果顯著。而巴洛克時代的音樂能刺激與精神安定有關的頻率，也已經獲得科學的證實。

另外，英國的聽力學權威克里蒙茲以胎兒為實驗對象，播放莫札特或韋瓦第的音樂給他們聽，結果大部分的胎兒都有安靜、穩定、輕鬆的反應。相反地，若是改放布拉姆斯或貝多芬等較長的交響曲，胎兒的心跳數及踢肚子的次數就會增加，這表示胎兒正處於不安定的狀態。而如果播放的是熱門音樂或電鑽的嘈雜聲，胎兒也會有相同的反應。

可見這些節奏適度的古典音樂能夠使妳的情緒得到放鬆，目的是在幫助妳做想像訓練。另一方面能讓胎兒感受到安詳的氣氛，並且刺激腦細胞的成長。

消除恐懼和不安的情緒

心情穩定之後，必須進一步接近隱藏於內心深處的真實情感，那就得做「精神鬆弛」的練習。

身體已經完全放鬆，精神卻仍處於清醒狀態，我們稱之為「覺醒的放鬆」。進入這種狀態的人，能夠讓內心深處所積累的恐懼和不安獲得解放，自然而從容地接受肯定的概念與想法。

寫日記也是發洩情緒很好的方式。妳可以在日記簿裡表達內心真實的感受、恐懼與不安，然後再從正面加以肯定。尤其是懷孕進入第四個月以後，更要充分運用這個方法來堅定信念，拋棄根深柢固的負面情緒，重複以充滿希望的語氣來寫日記。

首先，要弄清楚自己負面想法的源頭，再化成一條條的「宣言」大聲說出來。重複這樣的練習，就是改變想法的方式。依照計畫徹底地做練習，妳一定能充分發現自己所擁有的特質，並激發出無限的潛能來。

練習將成為妳生活中的一部分

今後你所要做的胎教練習，就像學鋼琴的人練習鋼琴一樣；即使已經是位知名鋼琴家，也非得天天練習音階不可。

為了整個懷孕期間生活的平靜與舒適，妳必得放鬆心情，每天重複這些基本練習才行。

做這些練習的時候，千萬不要操之過急，最好花上兩、三天的時間將一個練習做熟悉了，再進行下一個練習。

請把本階段的四個基本練習當作生活中的一部分，因為這些練習在整個懷孕期間都適用。

總之，以輕鬆的心情，踏實而徹底地進行屬於自己的計畫，這樣才能達到最大的效果。

練習①：音樂萬歲

目　的：利用音樂來緩和緊張。
方　法：音樂ＣＤ、錄音帶。
參加者：媽媽和胎兒。
進　度：一週至少兩次，每次一小時，適於整個孕期。

這個練習的準備工作，是先在市面上挑選一些「胎教音樂」的ＣＤ或錄音帶，也可以自行錄製卡帶。

如果是自行錄製卡帶的話，要記得選擇接近心跳節奏的巴洛克時代的音樂。

因為對胎兒而言，妳心臟的跳動是他安心的動力；音樂也應該配合這種規律，胎兒才會輕鬆自在。

海頓、巴哈、莫札特、韓德爾或韋瓦第等人的音樂創作最適合。

例如，舒伯特的《鋼琴和弦樂的五重奏曲「鱒魚」》、韋瓦第的《小提琴協奏曲集「四季」》、莫札特的《第二十一鋼琴協奏曲》、韓德爾的《豎琴協奏曲D長調》，以及韋瓦第的《長笛協奏曲F長調》等等。

如果妳不喜歡古典音樂，可以選擇一些能放鬆心情的音樂。唯一的限制是曲子的節奏必須緩慢，搖滾音樂或重金屬音樂均應避免。

相反地，過於平板的音樂也值得商榷。

搖籃曲或重複單調歌詞的音樂，可能會很快地讓妳和孩子睡著，這樣就不能達到胎教的目的了。

準備好錄音帶之後，就在妳感到愉快的時候放來聽聽吧！

一個星期至少要聽兩次，而且儘量放鬆心情，什麼事都不要想，集中精神來聽錄音帶；當然也避免躺下來，或在工作、開車時聽。

特別叮嚀

生產住院時，也可以將CD、錄音帶帶到待產室及分娩室，跟醫生商量看看，能否放音樂來聽。

當然，院方有院方的規定，也不必過分勉強。但是，聽些已經熟悉的音樂，可以紓解胎兒和妳的緊張情緒，對醫院的工作人員應該也有好的影響吧！

孩子出生後吵鬧得很厲害時，讓他聽這卷錄音帶，將會產生令妳意想不到的奇效喔！

練習②：精神鬆弛法

目　的：在短時間內達到放鬆心情的效果。
方　法：自我催眠。
參加者：媽媽。
進　度：一天一次，每次二十分鐘，適於整個孕期。

在懷孕期間承受太大的壓力，對妳本身及胎兒都不好。然而，孕婦來自本身及各方面的壓力又很難避免，所以這裡就要為妳介紹一種消除緊張的方法，只要花二十分鐘，就能得到徹底的放鬆。

這種自我催眠法，可以一方面讓身體得到鬆弛，另一方面意識卻能保持相當清醒。如此一來，呼吸及心臟跳動的速度變慢，便可以迅速獲得一個全新的心情。

懷孕期間最好每天做一次。而且，這項練習也是後面將介紹的想像訓練的預習部分，相當重要。

✿先用視覺來集中精神

以輕鬆的姿勢坐在地毯或沙發上，不要讓任何人來打擾妳。

如果妳已經以輕鬆的姿勢坐好了，就先環視一下屋子，選出三樣東西來。比如櫃子上羅馬字體的鬧鐘、牆上特別喜歡的一幅畫，以及妳正在讀的那本書等等，只要是妳眼睛所能看到的東西都可以。

選擇了三種東西後，集中精神，一個一個加以凝視。最好只凝視物體的一部分就好，例如鬧鐘正在移動的秒針、圖畫中女人的眼睛等等。

凝視幾秒鐘並無嚴格的限制，但是最好要對這件物品留下深刻印象，所以至少要集中視線五秒鐘以上。

然後集中觸覺及聽覺

其次是觸覺，同樣選擇三種來集中精神。比方說，妳正坐著的天鵝絨椅子的觸感、剛才刷牙時牙膏殘留的味道，以及呼吸時胸部規律的動作等，都可做為選擇的對象。對於這些感覺，都一一集中精神去感受。

接下來是聽覺，在周圍所能聽到的聲音中選擇三種來集中精神。例如時鐘的滴答聲、隔壁傳來的小孩吵鬧聲，或是外面颳風下雨的呼嘯聲都可以。

閉起眼睛，再度集中精神

現在把眼睛閉起來，從剛才看到的、感覺到的以及聽到的各種感官中各選一種，再度集中精神，去喚起事物的影像、領略東西的質感，以及聆聽某種來自外在的聲響。

持續目前這種狀態，直到妳的心靈完全獲得平靜為止。然後，妳可以恢復正常生活，或者繼續做想像訓練或寫日記都可以。

特別叮嚀

大家都知道「禪」可以使人的意志集中，達到「心中無一物」的境界。可能妳會想，這個練習不但沒有教人屏除一切念頭，反而還要去看、去聽，這樣能達到效果嗎？

其實，只要真正冥想過的人就知道，想要消除所有雜念是相當困難的；心裡愈想拋開一切，愈是千頭萬緒，無法集中精神，或者一不小心就睡著了。

本練習即是為了克服這種困難，特別設計出來的。

對初學者而言，與其要他什麼都不想，不如讓他集中精神於有限的想像當中，反而更容易產生效果。

練習③：寫日記

目　的：更進一步地了解自己。
方　法：日記簿和筆。
參加者：媽媽。
進　度：一天一次，適於整個孕期。

日記簿是妳的閨中密友

寫日記可以達到更進一步了解自己的目的。尤其是懷孕期間，精神狀態比較不穩定，更須借重日記來確實掌握自己的內心世界。

首先，去買一本自己喜歡的日記簿；從普通的筆記本，到豪華精緻的專用日記簿都可以。寫日記所需要的其他文具用品也一併購買。

此外，寫日記的場所也得花點心思。最好有一個固定的書寫地點，不要等到想寫日記時，才為找不到地方而傷腦筋。

日記簿就像妳的閨中密友一樣，心裡有無從對人訴說的秘密、想法或願望，都可以安心地向它傾訴，而它絕對不會跟別人透露的。

每天寫日記，不但可以更了解自己，在對待丈夫、父母及胎兒的態度上，也一定能夠更確實地掌握。

✿和妳的煩惱交談

要如何整理自己的心情呢？簡單地說，就是努力將自己心中負面情緒轉變為正面情緒。

妳心裡也許正在擔心著，該如何扮演好一個媽媽的角色？孩子生下來後，夫妻間的親密關係會不會隨之改變？這些就是妳所要面對並且努力克服的想法。唯有深入了解自己、相信自己，才具有轉換思考方向的力量。

媽媽的精神狀態對胎兒太重要了！經常煩惱、焦慮的媽媽，胎兒也會因此感染到不安，而造成不良的影響。所以，為了提高孩子的生命力，妳的精神狀態一定要先積極起來。

✿寫日記的原則

妳必須先確定擁有十五到二十分鐘的自由時間，絕不會受到任何人干擾。然後關掉電視機和收音機，在通風好、光線佳的地方開始進行這項練習。

寫上當天的日期之後，妳就可以海闊天空地自由揮灑妳的日記簿了。只有一點要注意的，那就是「誠實地」面對自己。而且，與其把焦點放在「想什麼」，不如著重於「感受到什麼」。把妳的恐懼、不安、喜悅、幸福等情感全部記錄下來，尤其是會嚴重影響情緒的事情，更不要放過。

今天跟上司吵了一架、和銀行的櫃檯小姐發生爭執、工作進行得很順利、交到一個新朋友、黃昏的散步令人覺得很舒暢，諸如此類細微的事，都可以成為妳日記上的話題。

別忘了，日記是為自己而寫的，就算寫了幾個錯字，或句子不夠通順都沒有關係。有時候從雜誌、報紙上剪下來的文章或圖片，也可以把它貼在日記簿上。因為這是完全屬於自己的私密日記。

隨著我建議的計畫來進行練習，妳的日記簿將得以活用，範圍愈來愈擴大，內容愈來愈加深，日記簿將成為妳最親密的朋友。

不過，現在不必急於投注過多的心力去做，以免只維持三分鐘熱度就作罷。寫了三、四天，比較習慣之後，就進行到下一個練習吧！

特別叮嚀

隨著懷孕的進展，妳將更加頻繁地利用妳的日記。當妳繼續實行以後幾個月的練習時，妳會發現日記帶給妳莫大的幫助。

練習④：激勵自己

目　的：提高自尊、增加自信。
方　法：肯定句和日記簿。
參加者：媽媽。
進　度：一天兩次，每次兩分鐘。

✿使妳變得更積極的話語

喬安的媽媽自從生了她之後，心情一直很憂鬱，長年備受這種突如其來的焦慮所困擾。喬安害怕自己生了孩子之後，是不是會跟媽媽一樣，所以極為煩惱。

為了克服這種恐懼的心情，喬安不斷地讀下面這段話：

「我是一個腳踏實地、堂堂正正的人，也將成為一個堅強的媽媽。寶寶的誕生，使我充滿喜樂。」

短短的幾句話，就使得喬安得到相當大的精神鼓舞，並且紓解了內心強大的不安。因為她朝著自己所希望的狀態，灌注積極正面的想法，就像具有魔力的咒語一般。

✿選擇適合自己的宣言

為了找出讓妳失去自信、變得頹喪的消極思想，首先讀讀下面的句子：

- 我是很能幹的女性。
- 我很喜歡自己。
- 我是個可愛的女人。
- 我的內心充滿愛。

‧我懂得愛別人。
‧我有自己的想法，同時也尊重別人的意見。
‧我受到別人的尊重。
‧我很誠實。
‧我認清現實的狀況。
‧今天的我，不會被過去失敗的人際關係所擊垮。
‧我富有創意及機智。
‧我相當獨立。
‧我處於逆境的時候，也不會喪失應有的沉著。
‧我有處理危機的能力。
‧我對自己很忠實。
‧我不會隨便受別人的影響。

從這些句子裡面，選擇一個最令妳感動、最能吸引妳的句子；即使與目前的狀況不同也沒關係。當然，妳也可以加上自己認為理想的句子。

然後打開日記簿，在日期下面寫上「我的宣言」，接著從中間畫一條線，在線的左邊寫上妳所選擇的宣言。別忘了要加上自己的名字哦！

比方說，我曾經指導過的米雪，她所選擇的是第一個句子，所以就要在日記簿上這麼寫：

「我，米雪，是個很能幹的女性。」

抄寫句子時，要努力去感受這句話的含義；發出聲音也無妨，而且可以多重複幾次。

接著換寫右邊，說明妳對這句宣言的感想。想寫什麼就寫什麼，要寫多少就寫多少。如果妳認為宣言的內容跟妳目前的狀況有些距離，或者根本不可能達到，就將妳認為的理由誠實地寫下來。

米雪的日記簿如下頁所示。那麼妳也許會問，一個宣言該寫多少個感想

★宣言使用法——米雪的日記簿★

我的宣言	
	2000年5月1日
我，米雪，是個很能幹的	什麼？妳說什麼？
女性。	那天為了找一家已經預訂
	好的旅館，在街上整整走
	了一小時，妳忘記了嗎？
我，米雪，是個很能幹的	是嗎？那麼上週為什麼重
女性。	複犯下如此單純的錯誤，
	還挨了上司的罵？
我，米雪，是個很能幹的	那麼妳為什麼經常對自己
女性。	沒有信心呢？

呢？當然是越多越好，可能的話，一個宣言就寫上一、二十個感想。

這時候，妳應該注意自己心理的變化，一定比開始時更穩定，更能客觀地分析自己。

✿了解煩惱的原因才能找出解決之道

只要妳選擇的宣言是自己真心期盼的，妳寫的感想是誠實而深入的，一定能引起某種程度的內心激盪。冷靜地注意反應、分析問題，妳必然可以找到好的對策，真正朝理想的方向邁進。

將自己理想的境界，用嘴巴不斷地覆誦，不知不覺中，心理狀態就會產生變化。當然，妳不僅要想像美好的狀況，更應該身體力行去改變現狀。

從今天開始就做這個練習吧！早上剛起床和晚上睡覺前實行，效果最好；情緒很低落的時候，也可以做。

一個句子連續讀了一個星期之後，就不必再寫感想，只需寫宣言或唸一唸就夠了。因為一件事情只要能掌握問題的重點即可，一再重複不見得有用。如果對於這個問題已經得到結論，便可以終止這項宣言的練習。

✿自創屬於自己的宣言

本練習的目的在於增加自信，所以不論是使用前面的句子，或是自創文句，都應以此為大前提。

自創文句時，應注意下列幾點：

・句子應力求簡潔

・要用果斷的語氣

不要寫成「將對自己的外貌有信心吧！」這類希望的語氣，應該說「對自己的外貌很有信心」。

・用肯定的方式

要寫成「我能將自己的心意確實向他人表達」，而不要說「我沒有好好克制自己的情緒」等。

最後，介紹幾種應用的方法：

①將所選擇的宣言寫在卡片上，放在家裡的各個角落，以便隨時能夠看見。
②覺得特別重要的句子，可以利用一個星期的早晨、下午及晚間，每次大聲唸五分鐘。
③對著鏡子重複唸妳的宣言，努力做到充滿自信的表情。
④將宣言製成錄音帶，每一句都以緩慢的速度重複唸十次，可以在上班途中或做家事時聽。當宣言的內容成為妳根深柢固的想法，與生活密切結合時，這個練習就算是成功了。

特別叮嚀

這項練習是本書胎教訓練中最重要的練習之一。現階段是把重點放在增強自信上，以後在調適懷孕的情緒以及妳和寶寶的生活時，這個方法都能對妳產生很大的助力。

★胎兒成長的第一、二個月★

週次	天數	大小與體重	胚胎、機能與心理的改變
1	2	極微小	4～8個細胞
	3		16～32個細胞的覆盆子狀球體
	5		約150個細胞的空心球體
2	7	0.33公釐	植床於子宮壁的胚胎
	12		胎盤開始形成
3	18		神經系統開始發展
	20	1.8公釐	腦、脊髓、末梢神經系統和眼睛的雛型已經形成。第一條血管出現，心臟已經略具輪廓。
4	28	6公釐	40對肌肉發展形成，33對脊椎骨出現。心臟開始跳動。身體像一根標準鉛筆心的直徑那麼長，包括頭、身軀、一條尾巴以及細小的手臂芽。嘴巴張開著，當刺激胎兒的皮膚時，整個頭、身軀和肢體會以緩慢而模糊的移動做為反應。胎盤的功能已經完全成熟。

週次	天數	大小與體重	胚胎、機能與心理的改變
5	35	8公釐 2.8毫克	大腦三個主要部分，連同頭蓋骨和脊椎神經都已經出現。眼睛、耳朵和鼻子開始形成，眼睛有顏色，外耳有耳道。臂芽和腿芽很明顯，心臟形成心室。消化道、脾臟和胰臟形成。臍帶已經發展成熟。
6	42	1.3公分	手臂還太短無法相碰觸，但是手指和腳趾的雛型已經出現。鼻尖形成，一些主要的腦部分，包括丘腦、丘腦下部和小腦已經出現。頭和頸佔身體的一半。軟骨組織和骨骼出現，睪丸或卵巢也形成。像吸吮、抓握的反射動作開始產生。心臟能運行血液，胎兒的心電圖看起來類似成人的。胎兒對撫觸有反應，強烈、短促的動作開始出現。

週次	天數	大小與體重	胚胎、機能與心理的改變
7		2公分 2公克	從這時候起，發育中的孩子不再是個胚胎，而變成了胎兒。臉部圓了起來，開始看起來像人。頸部明顯地連接頭和身體。其他的發展包括：半環狀耳道、嘴的上顎、心瓣膜和視網膜神經細胞形成。身體對碰觸刺激會有反應。
8		4公分 3公克	眼睛移到臉部的前方，頭部構成全身的一半。肚子看起來很大，而手臂和腿則很小。輕觸上嘴唇或鼻孔會使頭和軀幹彎曲。腦波已和成人相同。

★胎兒成長的第三個月★

週次	大小與體重	胚胎、機能與心理的改變
9	3.7公分 4公克	牙齒、手指甲、腳趾甲和毛囊開始生長。皮膚增厚，骨骼和肌肉開始快速生長。連接眼睛、鼻子、舌頭的神經，以及掌管平衡的前庭系統都已發展出來。男性和女性的外生殖器開始分化。當眼瞼和手掌部位受到碰觸時，它們會有閉上和握起的反應。胎兒對媽媽改變身體姿勢有所反應。
10	5.3公分 7公克	上顎和肺部已經發育齊全，消化道的肌肉已經具備功能。膽囊已有分泌膽汁，外生殖器已能辨識，而腦部已經有和成人一樣的基本組織。前額被碰觸時，胎兒會把頭轉開。

週次	大小與體重	胚胎、機能與心理的改變
12	7.5公分 14公克 （一封普通信件的重量）	味蕾的結構已經成熟。掌管嗅覺的嗅覺神經已發展成熟，肺臟開始規則地擴張和收縮。大拇指和食指能夠互相對起來。所有主要的器官都已形成。胎兒的腳能踢、能轉向，腳趾能蜷曲，能皺眉、噘嘴。如果嘴唇受撫觸，胎兒會有吸吮的反應。12週的胎兒已經開始顯現個人的特徵，尤其是臉部的表情。從外生殖器可以明顯分辨胎兒的性別。

★妳的身體變化（第一、二個月）★

週次	懷孕經驗
1	妳的卵子大約在性交兩個小時後受精。
2	體內開始製造絨膜促性腺激素，這種激素會使血液驗孕產生明顯的反應。
3	在第三週的初始，妳發現妳的月經週期停止了。
4	在月經週期停止後第12到第14天，自行檢測尿液可能顯示懷孕（80%準確度）。
5	典型的懷孕徵候可能開始。妳的小便會變得頻繁，血管會變得突出。妳也可能會開始晨起害喜，包括噁心的感覺。妳可能感覺比平常更容易勞累，有些人甚至極度疲倦。妳的乳房會脹大，變得敏感或刺痛。乳暈的顏色會變深，泌乳管開始形成。妳的乳房可能出現擴張的痕跡，妳的牙齦會變脆弱甚至流血。
6～7	妳的子宮變大，子宮頸變得柔軟且顏色變深，現在可以用生理診斷檢查出懷孕了。妳的乳房可能分泌一種稱為初乳的液體。噁心和疲倦的現象可能加劇。
8	妳可能注意到腰部變粗，平常合身的衣服變得穿不下了。

★妳的身體變化（第三個月）★

週次	懷孕經驗
9～10	妳的腰部慢慢變粗，懷孕的早期徵候包括頻尿、乳房觸痛、噁心和疲倦仍持續。 妳的體重增加平均可能在五百公克至一公斤之間，不過噁心的徵候會影響妳的食欲，使妳的體重減輕。
11	懷孕的早期徵候包括頻尿、乳房觸痛、噁心和疲倦，應該開始減輕。
12	懷孕的早期徵候包括頻尿、乳房觸痛、噁心和疲倦，大多數已完全消失。

第3章

懷孕第四個月
——感受性的提高

❤加強母子之間的連繫❤

胎兒正在快速地成長

這個月對妳來說，是深入實踐本書練習的重要時期。因為懷孕中期的第四至第六個月，可以說已逐漸脫離不安的情緒，而流產的危險性也降低到二%，這些統計數字正是孕婦最大的定心丸。

由於失去孩子的危險性減低，過去「為了不失去寶寶」所花費的大半精力，如今都可以投注到「加強對胎兒的刺激與溝通」上。

懷孕婦女多半在本能上都了解加強與胎兒精神上連繫的重要性。臨床心理學家克莉絲汀．樊迪卡博士曾經做過一項實驗，就是將正在孕育胎兒的夫婦分為兩組，一組為定期跟胎兒溝通，另一組則沒有。

結果顯示，定期與胎兒溝通的媽媽，能更深入了解自己和孩子，而且媽媽的情緒穩定，胎兒也比較乖。

關於這一點，有相當多的實例足以證明。例如，懷孕中的媽媽唱歌給肚子裡的寶寶聽，經常唱的那首歌將會對孩子發揮驚人的效用；即使孩子哭得再厲害，只要聽到媽媽唱這首歌，馬上會停止哭鬧。

本月練習的總目標，在於加深媽媽和胎兒精神上的連繫。所以我們準備了「心連心」這個練習，它可以引導妳想像胎兒的情形，甚至連心臟的脈動都能感受到。然後妳跟胎兒之間，便會產生傳遞愛的精神橋樑。

這個練習的基礎是想像訓練。想像訓練是利用充分想像來達成效果的心理訓練，能消除妳心中負面的想法，將個人的能力做百分之百的發揮。運動選手就是利用這種訓練，才能打破自以為界限的記錄。

在「增進情感」這個練習中，也是利用想像來達成跟孩子進一步的連繫，其最終目標，就是與胎兒進行對話。

再次確認夫妻感情的機會

這個月的另一重點是放在妳跟妳丈夫的關係上。有了孩子，夫妻應該共同分享喜悅與責任，妳當然有妳的憂慮，同時丈夫對自己責任的加重，是否有某種程度的不安呢？妳會不會跟孩子過分親密，而忽略了他的存在呢？孩子出生後，夫妻間還能擁有美好的獨處時間嗎？

丈夫的憂慮並不見得比妻子少，這也是他重視妳懷孕、生產這件事的證據。但是，如果讓這些憂慮成為你們爭執的焦點，那就太不值得了。

在「親近的秘訣」這個練習中，妳應該真誠地和丈夫溝通，毫不隱瞞地表達自己的想法，並且切實地反省自我，這樣才能和丈夫保持和諧互諒的關係。

消除壓力、遠離疑慮

懷孕這件事情，透過妳的身體變化而有了真實的感覺。於是妳會開始回憶自己懷孕初期的各項活動，懷疑胎兒的健康是否受到不良的影響。

媽媽們不安的主要因素包括：藥物或酒精類的攝取、在牙醫診所照射X光、抽菸及長期使用電腦等等。

在懷孕初期，這些行為多多少少都有可能發生，然而它所造成的影響甚微，或者根本沒有。反而是妳為這些事情而感到不安的情緒，將會對胎兒造成很大的影響。

所以，在「健康的成長」這個練習中，會告訴妳如何告別不安的情緒。

對於進入懷孕中期的妳而言，繼續前三個月的練習相當重要。做練習的時候，別忘了跟上個階段一樣，儘量讓自己放鬆，可以利用聽錄音帶或精神鬆弛法來達成目的。

此外，為了提高自信、消除壓力，記得每天要寫日記，並做宣言練習。

練習⑤：心連心

目　的：加深媽媽和胎兒之間的連繫。
方　法：想像訓練。
參加者：媽媽和胎兒。
進　度：經常練習，每次兩分鐘，適於這個月的任何一天。

✿想像肚子裡的寶寶

這個練習在心情穩定的時候，隨時都可以做。首先要確定幾分鐘內不會受到打擾，然後採取輕鬆的姿勢。做前三個月所學習的放鬆練習（練習②），然後接下去做本練習，效果會更好。

現在，將妳的手放在隆起的下腹部上，然後一邊看著肚子，一邊想像肚子裡的寶寶。手要輕輕地撫摸肚子，同時想像自己的愛和活力正一波波地傳遞給胎兒。

想像胎兒的身體：小小的十根手指以及十根腳趾，大大的頭、彎彎的腳和細緻的臉。寶寶徜徉在溫暖的羊水裡，嘴巴一合一閉，甚至連眼瞼都在跳動……。

想像胎兒的心臟：噗通噗通的心跳聲，粉紅色的心臟放射出一明一暗的光芒。妳是否能感受到來自於寶寶的溫暖呢？是否能體會寶寶期待成長的心情呢？

正在妳肚子裡孕育成長的生命，是沒有任何東西可以代替的寶貝，妳應該能感受到才對。

✿用心感受妳和胎兒的連繫

現在，用心去感受自己的心臟與胎兒的心臟正以相同的節奏在跳動。暫停一下呼吸，傾聽胎兒的心跳聲，然後試著使自己的心臟用相同的節奏跳動。

再試一次看看。一面感受自己心臟的跳動，一面聆聽自己呼吸的聲音：吸氣、吐氣、吸氣、吐氣。把手掌放在肚子上，感覺自己將關愛與活力一波波地傳遞給寶寶。

注視著手和肚子間的縫隙，想像金黃色的光芒在妳和胎兒之間相互投射。

最後，集中注意力，然後慢慢將視線轉移到熟悉的傢俱上面。妳一定能擁有溫暖而平穩的心情。

特別叮嚀

在懷孕第四個月期間，每天要做這個練習數分鐘。

以後如果跟胎兒有特別的精神感受時，隨時都可以進行。

練習⑥：增進情感

目　的：加深媽媽與胎兒之間的連繫。
方　法：想像訓練和肯定句。
參加者：媽媽和胎兒。
進　度：一個月一次，一次十分鐘，適於其他的孕期。

臍帶是傳遞親情的通路

請先做過精神鬆弛練習（練習②）後，再進行本練習。不過，只要妳的心情處於平靜的狀態，隨時都可以做。

首先，將妳的全副精神集中在胎兒身上，想像妳的眼睛有X光的透視功能，可以透過腹壁和胎盤，看到纖巧而感受性豐富的胎兒，在寬廣的羊水之海中，自由漂浮的情景。用心眼去瞧瞧他大大的頭和纖細的手腳。青白色的細長臍帶，漩渦般地從胎盤連接到子宮壁。妳是否看見小小的氧氣泡、維他命或其他的營養素，透過臍帶傳送到寶寶的身上呢？

然後，告訴自己：

「我把所有必要的營養素都傳送給寶寶，他在我細心的關照之下，必定成長得健康、強壯。」

其次，讓想像延伸，使通往臍帶的小球體，不僅承載著養分和氧氣，更將妳對孩子深切的關愛，一併傳遞給他。此時，妳可以感受到那些活蹦亂跳的小球體，攜帶著世界上最寶貴的情感，朝胎兒的體內奔赴。

不但要想像這股強大的親情力量流進孩子體內，而且要確信胎兒能體會到這股暖流，因而覺得安定而溫暖。

再進一步感受，胎兒也透過臍帶，將那些代表溫馨的小氣泡傳送到妳身上。

請將妳的心情完全浸潤在這種想像當中，並吸收這種想像所釋放出來的能量，以便牢牢地將胎兒與妳連繫在一起。

現在妳可以休息一下，再發出聲音來讀這段話：

「我充分給予寶寶所需要的精神支援，他在我祈求幸福的心意之下，必能過著圓滿、快樂的人生。」

這個時候，妳跟胎兒心靈的交流可以暫告一個段落，將灌注在孩子身上的集中力抽離出來，閉上眼睛，放鬆自己，妳將會發現體內充滿幸福的滿足感。然後張開雙眼，看看周圍熟悉的傢俱，動動手腳，或試著輕輕一笑。

特別叮嚀

做完本練習，妳必然可以感覺到自己與肚子裡的寶寶緊緊相繫；若是重複進行的話，連繫也將更為深密。

練習⑦：健康的成長

目　的：克服對胎兒健康上的疑慮。
方　法：日記簿、肯定句和想像訓練。
參加者：媽媽。
進　度：這個月做一、兩次，每次三十～四十五分鐘。

小心被資訊洪流沖垮

現代生活資訊之豐富，半個世紀前的人們是無法想像的。這的確為我們的生活帶來許多便利，相對地，也加深了我們的擔憂。

懷孕的過程就是一個很好的例子。過去的孕婦只要多注意營養的攝取、避免身體過度勞累就行了。現代孕婦可沒那麼簡單，報紙會刊載市面上所販售的某種食品含有毒物質或添加物，電視新聞會報導某個初生兒與病魔搏鬥的情形。諸如此類，都會令人產生胎兒是否健康的聯想。

這些資訊當然假不了，只不過它多半是一些特殊的例子。即使妳不小心吃過一次含有添加物的食品，也不會立即生病；反而是妳憂慮的心情，產生過度的緊張與壓力，容易對寶寶造成不良的影響。

一旦心裡產生不安的情緒，或許可以壓抑到某種程度，然而想要完全消除是很困難的。當然，也並非完全束手無策。最簡單的方法就是去面對它，將心裡的不安做一次全面且徹底的檢討，找出不安的根源，才能確保心情的平靜和穩定。

讓妳的不安煙消雲散

拿起日記簿，找一個舒適的地方，確定三、四十分鐘之內不會有人來打擾妳。然後閉上眼睛，問自己下面的問題：

「關於寶寶的健康，我最感到不安的是什麼？最害怕的又是什麼？」

先讓這些問題的答案浮現在心裡。然後張開眼睛，打開日記簿，將妳所有恐懼和不安的事，按照浮現在心裡的順序，逐項寫在日記簿上。

例如：「我在懷孕初期服用過感冒藥，會不會對胎兒造成不良的影響呢？」

寫完後，就發出聲音把這些話讀出來。讀了一遍後，重新再唸一次；但是，這次要想像句子被拋向空中，化成一縷輕煙。用心眼去凝視消失中的煙霧，然後告訴自己：

「我懷疑寶寶不健康的想法，如同這些輕煙一樣不真實。」

運用相同的順序和方法，把妳寫在日記簿上的疑慮逐項讀過，直到它們全部化為煙霧為止。

完成這些步驟以後，再利用肯定句來堅定自己的信心。

「我的寶寶完全健康！」

發出聲音，把這個句子重複唸十次，然後將它寫入日記簿裡十遍。

寫完後，稍微解開衣服，讓自己能夠看到肚子。現在，妳可以一邊摸著隆起的腹部，一邊用心眼去透視肚子。妳將發現妳健康的寶寶，正舒適地徜徉在羊水中，連手指和腳趾都清晰可見。

想像的影像若很鮮明的話，可以一邊撫摸肚子，一邊跟胎兒講話：

「你的身體沒有任何缺陷，是個健康的寶寶。」

最後慢慢張開眼睛，恢復正常的生活。

有效利用超音波診斷

本月份可以再做一次這個練習。但重複朗讀不安感並沒有好處，最好改用傾訴的方式，並且灌注更多的慈愛給胎兒。

也許有人會說：「我做這個練習，仍然無法排除強烈的不安。」如果是這樣的話，最好到醫院做一次超音波斷層檢查。

當然，不是每次都要接受超音波診斷。但是，當媽媽對胎兒的健康產生強烈質疑時，從醫學的觀點來看，做檢查來穩定不安的情緒，是絕對有意義的事。畫面上所呈現的胎兒狀況，可以向妳證明胎兒是健康的。

如果可以取得超音波診斷印出來的照片的話（預約時先確定這點），就來做做下面的練習。

把照片放在家裡或公司容易看見的地方，一有機會就看一看，然後對自己說：

「我的寶寶完全健康，這就是證據！」

接下來跟前面的練習一樣，用心眼去透視肚子；但是，這一次並非自己去想像胎兒的模樣，而是將超音波診斷的照片，重疊到胎兒身上去。隆起的肚子，正如照片所呈現的，胎兒四肢健全，而且正活潑地揮舞著呢！再一次告訴自己：

「我的寶寶完全健康，這就是證據！」

特別叮嚀

如果妳的焦慮大到無法用這個練習來做紓解，我們建議妳做一次胎兒的超音波斷層掃瞄。當妳看到掃瞄螢幕上寶寶的影像時，妳將獲得寶寶健康成長的證據。

練習⑧：親近的秘訣

目　的：加強夫妻情感的溝通。
方　法：與丈夫對話、筆和紙。
參加者：媽媽和爸爸。
進　度：一週至少一次，每次三十分鐘，適於其他的孕期。

✿有煩惱是正常的

懷孕的喜悅應當是夫妻共同分享的，然而，有些夫妻因為懷了孩子，反而產生強大的壓力，情緒也跟著鬱悶、煩躁起來。

就妻子的立場來說，眼看著自己的肚子一天天大起來，擔心對丈夫是否還有吸引力；先生則會因為即將為人父，自己的責任加重而倍感壓力。

這類因懷孕而引發的煩惱是很正常的，但是問題應該愈早解決愈好。在懷孕的第四個月，夫妻倆共同回顧這段歷程，坦誠相對，可以說是最合適的。

有人認為這是自找麻煩，但是不肯面對問題的駝鳥心態，只會讓事情惡化到無法收拾的地步。所以，夫妻雙方毫不隱諱地表現內在情感，共同分析並解決問題，才是真正維繫感情之道。況且醫學研究報告也顯示，夫妻關係圓滿的話，對懷孕過程及寶寶的健康都有很大的幫助。

這裡所介紹的「親近的秘訣」，就是要夫婦倆提出某些有關對方的特定話題，然後進行對話，將自己心中的想法或不安表達出來，使兩人能真心地體諒與包容，使情感更加穩固。

✿對談的原則

首先，挪出三十分鐘的時間，在兩人心平氣和的情況下單獨相處。

你們可以利用這個時間講講自己和對方的關係，或者將來生產時或生產後可能遭遇的問題。

決定一個屬於你們倆共同的時間，每個星期做一次。不要因為夫妻某方缺乏興趣而取消本練習，因為每做一次，妳必然會有不同的發現。

對談的原則如下（請先生也跟著讀一遍）：

- 說實話。
- 誠實地表達自己的心意。
- 努力去感受對方所說的話。
- 從心底去傾聽對方所說的話。
- 徹底做一個好聽眾。
- 不要打斷對方的談話。
- 對於對方所說的事，不要有過度反應、發怒或感情用事的情形發生。
- 對自己和對方都要寬容。
- 一邊凝視對方的眼睛，一邊分享他的感受。
- 對於自己的發言要負完全的責任。

特別注意「誠實地表達自己的心意」這一項，避免粉飾太平或是討好對方。而「對於對方所說的事，不要有過度反應、發怒或感情用事的情形發生」也很重要；自己忽略的事，對方能說出來，應該表示高興才是。

現在是不是準備好了？那麼就開始吧！首先，在個人的日記簿或筆記本上書寫有關下列問題的答案。儘量運用簡單易懂的方式來書寫。

問題① 你最具吸引力的地方是：

問題② 我對你感到不滿的地方是：

問題③ 從前我曾經做過傷害你的事，那是：

問題④ 從前你曾經做過傷害我的事，那是：

問題⑤ 這樣我還能原諒你嗎？

寫到這裡就停下筆來，互相看看對方的答案，然後談談自己的感想，再接著回答下一個問題。

問題⑥ 我仍害怕跟你說的是：

寫完之後，再互相交換一下意見。必須強調的是，別忘了對談的原則。

特別叮嚀

此後的幾個月間，都可以運用你們兩個所約定的共同時間，隨意交談不同的話題。例如，以小時候父母之間的關係做為題材，聊聊兩個家庭的共同點，或你們兩個的相處是否受到雙親的影響等等。當然也可以訴說你將為人父母的責任與不安，以及將來生產時可能發生的狀況，無所不談。

不限於前面所舉的問題，妳也可以設計一些問題，來充實本練習的內容。

★胎兒成長的第四個月★

週次	大小與體重	胚胎、機能與心理的改變
16	15公分 112公克	寶寶的心臟已發展成熟，每分鐘跳動120到160下。眼睛對光線也很敏感，腦部已經形成許多腦回。脊椎神經和神經根形成髓鞘質，這是高度發展的跡象。胎兒的骨骼現在可以用X光照出來了，纖細的體毛也開始生長。 妳的寶寶現在對苦的物質（例如碘）會有反應，會停止吞嚥，並皺眉。他對甜的物質（如糖精）會有加倍攝取的反應。寶寶能感覺到冷的液體和搔癢，並有所反應。隔著腹部照射燈光，他會以手遮住眼睛。發出大的噪音，他會把耳朵摀起來。他也能夠抓住自己的臍帶，吸吮自己的拇指。許多專家相信懷孕到了第十六週時，妳的寶寶已具有條件反射式學習、基本記憶的能力，甚至能做有意識的行為。

※大腦皮層存在著大小溝壑（腦溝），腦溝與腦溝之間的部位就稱為腦回。

★妳的身體變化（第四個月）★

週次	懷孕經驗
14	妳的乳房可能隨著色素增加而顏色變黑。妳的肚臍和恥骨間可能出現一條深色的線。腹部擴大變得更明顯，而妳可以真正感覺到恥骨和肚臍間的子宮。
14～15	如果妳生過孩子，現在妳會感覺到胎兒的動作了。
16	如果妳是第一次懷孕，妳應該在本週或下週就能感覺到胎兒的動作。

（懷孕第四個月）

第4章

懷孕第五個月——聽覺甦醒期

❤胎兒的大腦正在等待刺激❤

妳的聲音具有鼓勵作用

懷孕進入中期，肚子裡的寶寶已經變得很活潑，喜歡亂踢或改變身體方向，這一點做媽媽的應該很清楚，甚至連打嗝聲都清晰可辨。對於外在世界，寶寶的感覺正在甦醒。

胎兒如果在這個時期出生，而受到醫學上充分照顧的話，理論上是可以存活的。事實上，美國辛辛那堤的麻卡斯·理查遜就是在第五個月中期，亦即第十八週出生的，打破了未成熟兒的出生記錄。這是一九七一年的事。

胎兒在這個時期的感官能力，以發達的聽覺能力最受注目，因此，聽覺器官也就成為胎兒與外界連繫的窗口。關於胎兒聽覺能力的重要性，有相當多的研究報告足以證明。

女王大學（位於愛爾蘭的貝爾發斯特）的彼得·赫柏，以及北卡羅萊納大學的安東尼·迪凱斯伯等心理學家都實驗證明，孩子在出生前所聽到的音樂或雙親的聲音，在出生後都還記得。此外，某些音樂家也證實，自己在出生前所聽過的音樂，目前仍記憶猶新。

胎兒的聽力在懷孕第七個月前並未完全發達，但在第五個月開始對胎兒說說話或唱唱歌，還是很有意義的事。隨著胎兒聽覺能力的發達，妳的聲音將對他產生極大的鼓舞作用。

本月將為妳介紹三種用聲音與胎兒溝通的練習。

在「甜美的旋律」單元中，使用歌聲與胎兒溝通；「說故事時間」是讀故事書給胎兒聽；而「談天說地」這個單元，則是將妳所想所見都向胎兒訴說。

另外，前面幾個月所學的基本練習也不要中斷，尤其是寫日記和聽錄音帶，並且和先生一塊兒做「親近的秘訣」（練習⑧）這個練習。

妳一定會逐漸發覺，和胎兒唱歌、說話是一件很快樂的事。我們都希望從本月開始，在對胎兒唱歌、說故事或講話的過程中，能夠幫助胎兒成長，並且在他出生之後，對外界充滿好奇心，成為一個不怕生的孩子。

練習⑨：甜美的旋律

目　的：用歌聲與胎兒溝通。
方　法：喜愛的歌曲一、兩首。
參加者：媽媽、爸爸和胎兒。
進　度：一天至少一次，適於其他的孕期。

重複固定的歌曲

從懷孕初期三個月開始，妳就每天聽音樂CD。音樂使妳的心情平靜，也能讓胎兒感到安心，並給予某種程度的刺激。

現在，妳的寶寶已經進入第五個月，聽覺能力逐漸甦醒，能從各種聲響中辨識來自於妳或爸爸的聲音。用歌唱來與胎兒溝通的條件，可以說是完全齊備了。

無需害怕妳的歌聲不好，因為那根本無關緊要；重要的是，讓寶寶知道「媽媽確實在這裡」，然後藉由歌聲來傳達親情與關懷。

進行本單元之前，必須先選擇一、兩首自己喜歡的歌曲，當然這些歌曲必須是旋律優美而動聽的（參考左表）。儘量選擇情歌或民謠中比較明朗的曲子，不然的話，童謠也可以。但是，千萬不要唱搖籃曲，那會讓孩子睡著。

歌曲決定好之後，就輕輕地唱給寶寶聽吧！與其不斷尋找新鮮的曲子，不如重複唱一、兩首來得好，因為嬰幼兒對於單純而重複的事情比較有興趣，胎兒當然也不例外。

不久，孩子將會發覺，那曲唱了再唱的旋律，正是媽媽所發送出來的愛的訊息。孩子出生以後，這個旋律將持續發出不可思議的力量，屆時，妳可別太吃驚！

如果時間能夠配合的話，也請妳先生一塊兒唱，對於增進夫妻及父子之間的情感，都有很大的幫助。

★適合唱給胎兒聽的歌曲★

◆春之歌

蝴蝶（蝴蝶、蝴蝶生得真美麗……）

春神來了（春神來了怎知道，梅花黃鶯報到……）

◆夏之歌

童年（池塘邊的榕樹上，知了在聲聲叫著夏天……）

捉泥鰍（池塘的水滿了，雨也停了……）

◆秋之歌

西風的故事（去年我回來，你們剛穿新棉袍……）

秋蟬（聽我把春水叫寒，看我把綠葉催黃……）

◆冬之歌

踏雪尋梅（雪霽天晴朗，臘梅處處香……）

雪人不見了（雪人怎麼不見了……）

◆故事之歌

小甜甜（有一個女孩叫甜甜，從小生長在孤兒院……）

蝸牛與黃鸝鳥（阿門阿前一棵葡萄樹……）

◆生活之歌

家（我家門前有小河，後面有山坡……）

可愛的家庭（我的家庭真可愛，整潔美滿又安康……）

練習⑩：說故事時間

目　的：說故事來與胎兒溝通。
方　法：一個喜歡的故事或兩首喜歡的童詩。
參加者：媽媽、爸爸和胎兒。
進　度：一天一次，適於其他的孕期。

邊講故事邊觀察胎兒的反應

每天講故事或唸詩給肚子裡的寶寶聽，會使他感到安心、高興。而重複說同樣的故事，能培養胎兒敏感的語言意識、對事物的好奇心以及了解家人對他的關愛。

選擇一個妳喜歡的童話故事，以及兩首適合孩子的童詩。選擇的標準以內容豐富、生動而快樂的故事為主，最好是充滿愛與祥和的氣氛，絕對避免暴力和煽情的題材。

此外，必須花十分鐘以上才能唸完的長篇故事，也不列入考慮，因為過不了兩、三天，妳就會懶得去讀它。所以，最好選擇有插畫的短篇故事。

妳可以和妳先生選擇相同或不同的故事，然後每天輪流唸給寶寶聽。大約經過一個月，就可以注意觀察孩子是否對某些語句有特殊的反應。

比如，妳講故事的時候，寶寶是不是很乖？有沒有講到某個特定語詞而踢肚子的情形呢？當然，這並不意味著他能理解句子的意思，但或許是對音調有不同的感受吧！

換個故事看看，胎兒的反應會不會有變化？而對於妳和妳先生的聲音，胎兒的反應是否有所差異？

但是，不必過分期待胎兒的回應，更不必為胎兒沒有回應而擔心。我們相信，每天傳入子宮的聲音，必然會一點一滴地提高胎兒對語言的感受性。

練習⑪：談天說地

目　的：藉由說話來跟胎兒溝通。
方　法：說話。
參加者：媽媽、爸爸、兄弟姊妹和胎兒。
進　度：每天進行，適於其他的孕期。

✿任何話題都可以

每天跟肚子裡的寶寶說話，是重要的溝通方式之一。時間不分早晚，地點不分內外，只要是心裡想到的事情，都可以跟胎兒訴說。

唯一要把握的是，不論告訴胎兒什麼，都必須將妳和妳先生對胎兒永恆不變的愛，確實傳達給胎兒知道。

「親愛的寶寶啊！今天實在太累了，所以才懶得動，絕不是因為你的緣故。我一直很期待跟你見面！」

用慈祥而真誠的語氣，以及淺顯易懂的語彙跟胎兒說話，絕不可以粗魯或大聲叫罵。

如果在外面比較不方便說的話，也可以改成在心中默唸的方式。

胎兒的爸爸或哥哥、姊姊想要跟他說話時，也應該儘量鼓勵他們。先生不在家時，可以事先錄一卷錄音帶，這樣胎兒就可以隨時聽到爸爸的聲音了。

★胎兒成長的第五個月★

週次	大小與體重	胚胎、機能與心理的改變
18	18公分 190公克	胎兒至少要到這個時期才可能離開子宮而存活。隔著腹壁可以聽到和看得出胎兒打嗝，而且腦波顯示越來越成熟。心音用胎兒聽診器可以聽出來。
20	20公分 240公克	聽覺器官發育完全，雙手抓握強勁有力。早產兒的哭泣模式可以經由比較媽媽的聲模而加以辨認。頸子部分的脊髓發展出髓鞘。 胎兒會踢和轉身，偶爾可聽見其哭聲。妳的胎兒對撫觸的敏感度和一歲的孩子一樣。他會對音樂或嘈雜的聲音有反應，並且能分辨不同的聲音。胎兒的沉睡與活動交替出現。

★妳的身體變化（第五個月）★

週次	懷孕經驗
17	如果妳以前一直未曾感覺到胎兒的動作，現在應該可以感覺到了。
18	妳可能越來越常感覺子宮出現一種不規則且不痛的收縮，也就是所謂的希克斯氏收縮（Baxton-Hicks contractions）。妳現在可以感覺到妳的子宮大約位在肚臍的高度。

第5章

懷孕第六個月——觸覺發達期

❤享受肌膚之親的方法❤

和寶寶享受肌膚之親

確實感覺肚子裡的寶寶在動─這種喜悅是不可言喻、無可取代的。

懷孕進入第六個月，胎兒用腳踢肚子，或翻轉身體、改變方向的動作都比以前強而有力。這是因為胎兒長得比較大，所以他的活動也更容易傳達到母體。

從胎兒本身來說，即表示其觸覺及運動官能比以前更發達了。胎兒在媽媽的肚子裡，慢慢體會觸覺並學習肌肉的活動。

從此以後，不但妳摸肚子時可以將訊息傳遞給寶寶，同時也能直接感受到寶寶的反應，完全進入雙向溝通的階段。

撫摸肚子與胎兒溝通，可說是自有人類以來就形成的自然動作。然而，確實得到科學的證明，則是近年來的事。

根據最新的研究報告顯示，在媽媽腹中曾接受溫柔愛撫的初生嬰兒，不僅具有精神上感受被愛的意義，同時對嬰兒的發育也有正面的影響。

肌膚之親可使寶寶發育得更好

根據蘇珊．魯汀頓．赫博士的實驗報告證明，受到媽媽肌膚之親較多的寶寶，發育也比較良好。赫博士將初生嬰兒分為兩組，其中一組寶寶每天被多撫摸及擁抱一百分鐘。結果，受較多肌膚之親關照的寶寶，其體重增加及運動神經發育的情形都比較理想。

由此可知，懷孕婦女撫摸肚子的母性衝動，的確具有實質上的意義。而且許多實驗也證明，這種溫和的觸覺刺激，能為胎兒帶來良性的影響。

首先在「小小舞者」這個單元中，讓妳確實感覺到胎兒在妳肚子裡活動的情形。而「雙人華爾滋」，則是透過身體的活動及舞蹈，和胎兒進行溝通。

若經過這些練習，胎兒已發現妳的存在，就可以進行「按摩對話」這個單元。第一個對話是運用按摩及歌唱來跟胎兒溝通，第二個對話則是運用想像訓練來達成溝通的目的。

練習⑫：小小舞者

目　的：確實感覺寶寶的活動。
方　法：靜靜地集中精神。
參加者：媽媽和胎兒。
進　度：一天兩次，每次二十～三十分鐘。

✿集中精神注意胎動

想要透過觸覺與胎兒溝通，首先必須感受到胎兒的活動（胎動）。身體側臥，把一隻手放在肚子上，集中精神去感受胎動，甚至數一數次數。每天早晨起床前或晚上睡覺前做一次。

不同的胎兒，其活動的情形當然有很大的差異（根據超音波診斷，胎動次數一天約兩百到七百次不等，因胎兒的月齡或個別差異而有很大的不同）。有些懷孕婦女能明顯感受到胎動，有些則幾乎感覺不到。

妳的胎兒的活動情形，也許像足球選手那麼有力，也許像蜻蜓點水那麼輕盈。妳的感覺也許是十次的輕輕振動，也許是一百次的重力撞擊。

無論如何，這只是生理上的個別差異，與胎兒或妳的健康狀況沒有任何關係。即使寶寶在妳的子宮裡表演起特技來也沒有關係，只要每天都能感受到一點胎動，則可以視為正常（一般過了第八個月，胎動就會減少）。

練習⑬：雙人華爾滋

目　的：利用舞蹈與胎兒溝通。
方　法：音樂CD和妳的身體。
參加者：媽媽、爸爸和胎兒。
進　度：一週至少一、兩次，每次十～二十分鐘，適於其他的孕期。

跳舞的兩種功效

從刺激胎兒觸覺的角度來看，規律的動作和舞蹈可說是最有效的方法。舞蹈不僅能為寶寶帶來刺激，對妳本身也有好處。配合音樂來活動身體，可以讓心中的緊張情緒向外發洩，產生穩定心理的效果。事實上，確實有人利用舞蹈來達到心理治療的目的。

跳舞能令人感受到單純的喜悅，並直接將感覺傳達給肚子裡的寶寶，所以懷孕期間跳舞是值得鼓勵的。

當然，所謂的舞蹈並非迪斯可式的激烈舞步，而是配合華爾滋等緩慢的音樂來搖擺身體。不必遵照正確的舞步，也不必選擇固定的音樂，只要能達到有規律地活動身體的效果就好了。

可以選擇古典的華爾滋或芭蕾舞曲，例如：斯特勞斯的「藍色多瑙河」和「皇帝圓舞曲」，柴可夫斯基的「胡桃鉗」等等。也可以配合電視機或收音機播放的慢節拍敘事曲來活動身體。

妳獨自跳舞的時候，記得一邊溫柔地撫摸肚子，一邊輕輕地活動身體，以使寶寶能確實地感受到妳的關愛。如果有時間跟先生共舞的話，也要很悠然自在地互相擁抱，隨著音樂翩翩起舞，讓寶寶感受一下你們之間甜蜜的愛情。

特別叮嚀

進行本練習的時候，要注意胎兒對音樂、舞蹈的反應。妳心情好的時候，胎兒未必感到高興。

如果胎兒用腳踢肚子的次數增加，或有焦急不安的動作表現時，應該立即停止舞蹈，過幾天或幾週再試試看。

練習⑭：第一個按摩對話

目　的：利用觸覺與胎兒溝通。
方　法：運動、按摩以及音樂或說話。
參加者：媽媽、爸爸、兄弟姊妹和胎兒。
進　度：一週兩次，每次十分鐘，適於其他的孕期。

✿透過雙手按摩與寶寶溝通

胎兒在受精後，尚未達到一元硬幣大小時，就完全浸潤在羊水中。羊水以平穩的波浪打在胎兒身上，形成一種溫和的按摩。

隨著胎兒的成長，媽媽也能充分感受到他的存在。而進入第六個月的現在，胎兒已經能自由地活動身體，以傳達自己的感受。當妳輕輕按摩肚子時，胎兒的動作會跟著緩和下來，心情也變得平靜。

所以，當胎兒踢肚子時，媽媽應該很溫和地去按摩肚子。

首先，以舒服的姿勢坐著或躺下，然後從腹部下方，慢慢按摩至胸部；或者在同一範圍內，做畫圓式的環狀按摩。這雖然是個簡單的動作，卻能充分傳遞妳的愛。

為了提高溝通時的感覺，也有人使用非黏性天然油來按摩肚子。事實上，不必用油就可以達到效果，不過油脂的確能使手的活動更加滑順。按摩油的選用，應以不含添加物或化學藥品的天然植物油、蔬菜油為佳。也可使用按摩專用油。

做這項練習時，可以一邊播放節奏輕柔的音樂，或一邊跟胎兒說話、唱歌。妳的手配合音樂做規律的運動，將會帶給寶寶無限的安全感。

練習⑮：第二個按摩對話

目的：利用觸覺與胎兒溝通。
方法：運動、按摩和想像訓練。
參加者：媽媽、爸爸和胎兒。
進度：這個月至少做一次，之後隨時練習，可以代替第一個按摩對話。

利用想像訓練來感受寶寶的存在

和練習⑭一樣，利用十分鐘的時間，以舒服的姿勢坐臥下來。然後從肚子下方慢慢往上按摩至胸部，或者在同一範圍內，做畫圓的環狀按摩。開始之前，也可以在腹部塗抹非黏性天然油。

不同的是，這一次不使用音樂、唱歌或說話的方式，而是採用我所特別設計的想像訓練。

在按摩肚子的同時，閉上眼睛，想像自己的手是一支高感度的超音波掃瞄器，上下探尋胎兒的狀況。一邊感覺寶寶身體的位置，一邊用心眼去觀看寶寶。

寶寶現在正在睡呢？還是醒著？若是醒著，是正活潑地揮舞手腳？或者安靜不動？對於我的存在或按摩，寶寶的反應又是如何？

當然，用手掌並不能百分之百了解子宮內的情形，但妳一定要努力去感覺。

現在，想像妳的手成為一個發光體，透過一道光束，將強烈的愛傳達給寶寶。寶寶對這道光有沒有特殊的反應？若有，是什麼反應呢？然後在心裡面想像，寶寶被光環重重圍繞的幸福模樣。

想像這道光束是妳跟寶寶之間情感的通路，而正在按摩肚子的那雙手，其實也在按摩寶寶的背部、胸部和手。

如果寶寶呈現不安的狀態，就要輕輕按摩腹部，讓他平靜下來；如果寶寶的心情平穩，也試著用手的律動去分享他的喜悅。

把妳全部的關愛，透過手部按摩的光束灌注到寶寶身上；那麼，妳必然也可以感受到寶寶的愛和信賴，透過這道光束反射給妳。

在你們的按摩對話即將結束前，把手挪移腹部約二十公分，並稍稍抬高，而用心靈去感覺你們之間的連繫。

好了！現在可以放鬆妳的意識及身體，但是眼睛仍然閉著，把注意力集中到身體或屋內的擺飾上。然後，張開眼睛吧！看看自己的身體，環視一下房間，是否感受到屋內洋溢著溫馨、平靜的氣氛呢？注視妳的手，它剛剛為妳和寶寶之間搭起溝通的橋樑呢！

★胎兒成長的第六個月★

週次	大小與體重	胚胎、機能與心理的改變
24	25～30公分 500公克	妳的胎兒現在已是一個具體而微的人了，在這個月份中，他的體重增加超過一倍，他的眼皮可以開合，並且開始有微弱的呼吸運動。從第六個月起，科學家已能偵測到與夢有關的眼球快速運動。妳的胎兒會仔細聽聲音，他的注意力會與媽媽的心跳節奏相配合。根據研究報告指出，有些胎兒在第六個月會出現不適和受壓力的跡象，這些特殊的跡象包括劇烈的改變身體姿勢、驚慌地踢腳、不尋常的體重減輕或增加，以及過度吸吮拇指。

★妳的身體變化（第六個月）★

週次	懷孕經驗
21	妳的胎兒的運動顯現出持續增加的活力和強度。由於妳的下腹部不斷增大，妳可能覺得行動變得有點困難。
22	妳的體重增加最快的時期開始了。
23	妳的心臟和肺臟現在大約增加了50%的工作量。體液增加，使妳比以前容易流汗。血液循環增加，使妳容易臉紅，讓妳顯現出懷孕時那種奇妙的紅潤。

（懷孕第六個月）

第6章

懷孕第七個月——日漸成熟的胎兒

❤回應寶寶個性的萌芽❤

學習能力正在萌芽

恭喜妳，懷孕已經進入最後的四個月，不久就能跟妳的寶寶見面了。

七個月的胎兒已經相當具有個性，不僅能配合音樂來活動身體，而且會對不同的音樂表示出自己的好惡，對於妳的聲音、動作及愛撫，也能做出敏銳的反應。

根據最新的研究報告顯示，七個月的胎兒已有進行「條件學習」的能力。事實上，在這個時期出生的嬰兒多半都能順利成長，可見其成熟已到達相當的程度。

什麼是「條件學習」？要說明這點，最好舉證實例比較容易理解。

邁克·黎巴曼博士曾經做過一項實驗，他以有抽菸習慣的孕婦做為研究對象，證明媽媽抽菸對胎兒的影響。研究結果顯示，胎兒在發覺媽媽想要抽菸這件事後，精神就會緊張，而以心跳增加的型態表現出來。

詳細地說，媽媽的抽菸尚未付諸行動，七個月的胎兒在意識到這項訊息時，就能感知隨之而來的生理徵候，把抽菸將影響自己的不快感先行反應出來。

這個例子可以解釋為：當胎兒「學習」到媽媽給他抽菸這個「條件」時，他必須要採取反應。這就是所謂的「條件學習」。

由以上的例證可知，想要驅使這個時期的寶寶去感受聲音，並發揮想像力，必須用充滿愛意的肯定態度來進行溝通才是正確的。

由於胎兒知覺能力的提高，必須有更精細的練習技巧來配合才行。

「搖搖妳的寶寶」這個單元，是根據個人呼吸的規律和搖動身體，來達成與胎兒溝通的目的。而「從頭到腳按摩寶寶」，則能徹底按摩胎兒，緩和胎兒的情緒。

心與心的接觸

七個月大的胎兒，已經能感受到媽媽的精神狀態而加以反應；所以不必使用語言，也能和胎兒溝通。

運用「談天說地」（練習⑪），可以達到與寶寶語言溝通的目的。另外，一邊聽音樂，一邊做放鬆練習（練習②），能使妳和寶寶完全浸潤於安定的狀態，進入「無言的交流」的境界。

當然，此時胎兒對外界的感受性也不斷提昇，妳跟他說話、唱歌或跳舞，也是不可或缺的胎教法。

此外，透過按摩與胎兒溝通、定期做精神鬆弛練習、寫日記、和丈夫對談等，都是重要的胎教訓練，可別忘了！

練習⑯：搖搖妳的寶寶

目　的：利用呼吸法來放鬆自己，並加深與胎兒之間的心理連繫。
方　法：想像訓練和呼吸法。
參加者：媽媽。
進　度：一週一次，每次三十分鐘，適於這個月。

瑜珈呼吸法的應用

東方的瑜珈修行者運用各種巧妙的呼吸型態，來達成自我設定的生理上、情感上及精神上的目標，以進行奇蹟般的各項技法，諸如自由控制心跳、體溫及忍受飢餓、痛苦等等。

西歐的科學家證實，具有節奏及規律的呼吸，可以攝取更多營養素進入血液，促進全身的活性化。因為規律的呼吸能使頭腦清醒，肺部功能提昇，養分便能迅速送達身體的細胞中。瑜珈專家為孕婦設計了一套有效的呼吸法，定期施行的話，必能達到精神鬆弛的目的，而且加深與胎兒之間的連繫。

✿與寶寶一心同體

確定三十分鐘之內不會受任何人打擾，然後用最舒服的姿勢坐下來。把一隻手放在肚子上面三到五分鐘，用眼睛注視腹部，想像胎兒在裡面的模樣。

想像寶寶小小的身體，小小的手指和腳趾，以及大大的頭和彎曲的腳等。想像寶寶小小的臉和臉上纖巧的造型，在溫暖的羊水中，眼瞼一開一合的情形。

接著站起身來，把兩手放在肚子上，想像胎兒的肚子往前凸，然後吸氣，接著肚子往後縮，然後吐氣。重複這一套動作。

記住！這個練習的重點並非呼吸法，而是要加深妳與胎兒之間的連繫。所以，在進行兩、三分鐘之後，就要一邊搖動腹部，一邊集中精神，想像胎兒與妳一心同體。

✿運用呼吸來按摩寶寶

現在閉起眼睛，試著一邊吸氣，一邊想像妳的身體化為一條深長的隧道，讓吸進來的氣體化為一陣春風，輕輕按摩寶寶的身體。

用鼻子吸氣、嘴巴吐氣，並想像放在肚子上面的雙手正抱著寶寶，輕輕撫摸、慢慢搖晃。別忘了肚子向前凸之後吸氣，向後縮之後吐氣。

接著將吸氣、吐氣的動作，調整為五秒鐘各一次。每次吸氣時，都要用心去感覺氧氣通過鼻子，進入肺部，然後傳送到胎兒身上的情形。每次吐氣時，則想像完成任務的廢氣，完全排出體外。

本練習可說具有和緩的催眠效果，並且讓妳和寶寶進一步緊緊相繫。

特別叮嚀

進行這個練習，會使媽媽血液中的氧氣濃度增加（寶寶的血液也是如此），所以寶寶會變得比較活潑。不必擔心，如果感覺胎兒活動過度，可以停止練習。

練習⑰：從頭到腳按摩寶寶

目　的：利用觸覺與胎兒溝通。
方　法：運動、按摩以及音樂或說話。
參加者：媽媽、爸爸和胎兒。
進　度：一週兩次，每次十分鐘，適於其他的孕期。

配合音樂或歌聲來按摩

這個單元和前面所介紹的第一個按摩對話（練習⑭）很類似。

當妳感覺胎兒在踢肚子時，儘量溫柔地按摩肚子，然後用舒適的姿勢躺下來，花十分鐘時間來做這個練習。

採用由下往上或畫圓的方式來按摩，並努力去感覺胎兒的頭和腳在那裡，然後從頭到腳按摩胎兒。這樣不但能緩和胎兒的情緒，並且能給予適度的刺激。

為了提高效率，可以在腹部塗抹非黏性天然油，以及一邊播放古典音樂，或者輕輕說話、唱歌，一邊進行按摩。然而最重要的，還是要傾注妳所有的愛於聲音及動作上，讓寶寶充分沉浸在安穩、幸福的狀態中。

特別叮嚀

如果妳的伴侶或其他的孩子也希望參與這個按摩練習，我們建議他們也要紮實地、反覆地從頭到腳按摩寶寶，因為這個練習和第六個月使用的一般按摩技巧略有不同。

練習⑱：主導生產過程

目　的：按照自己希望的方式來陣痛和分娩。
方　法：想像訓練和日記簿。
參加者：媽媽和爸爸。
進　度：這個月做一次，一次二十分鐘。

參觀自己未來生產的場所

本練習的第一個步驟是參觀妳未來生產的場所，也就是醫院的分娩室。請醫生帶妳參觀分娩室，然後仔細觀察，鉅細靡遺地提出各項疑問，拜託醫生為妳解答。

參觀結束後，當天便可以進行下一個步驟。

首先，挪出一段不會受到干擾的時間，採取舒服的姿勢坐下來，然後利用精神鬆弛練習（練習②），使自己進入安詳的精神狀態。

接下來，開始想像妳今天所參觀的生產場所，有那些機械設備及相關用具？妳提出那些問題？什麼人為妳做說明？

然後自問自答，真的希望在這裡生產嗎？想像陣痛產生後，就是被推進這間分娩室。

如果想像令妳感到滿意的話，就可以放鬆身體並張開眼睛，把集中的意識回復平常的狀態。

✿驅逐生產的不安和緊張

現在可以把日記簿拿出來，寫下左列的幾個問題，然後一一加以作答：

- 在我選擇的產房裡，我將成為生產的主角嗎？
- 在我選擇的產房裡，我將掌握生產的經驗嗎？

・在我選擇的產房裡，若發生緊急狀況，我是否能獲得迅速而有效的醫療照顧？
・在我選擇的產房裡，我是否能獲得精神上的支持？
・我是否有忘記向醫生提問的問題？（如果有的話，順便將它記下來）。

針對這些問題，將妳的想法和心境全都記錄下來。寫完之後，也讓先生看看，然後互相討論一下。

本練習的目的，是希望妳能充分掌握自己生產的狀況。所以，如果妳對預定的生產場所有過強的負面心理，最好另外換個地方看看。

尋找一個令妳完全滿意的生產場所需要費一番心力，夫妻倆應該趁這個時期，好好商量、慎重選擇才是。

★胎兒成長的第七個月★

週次	大小與體重	胚胎、機能與心理的改變
24	32公分 1公斤	妳在這個月份中，大腦兩個半球擴增了許多：達到六個腦層，並形成大的腦回。出生時的所有反射動作，從吸吮、找乳頭到抓握和踩步，都已出現。當寶寶的舌頭接觸甜的、酸的或辛辣的物質時，臉上的表情會改變。如果寶寶在這個時候出生，他也會對不同的氣味做出不同的反應。在第七個月的懷孕期中，胎兒不僅會隨著音樂的節奏活動，而且會表現出對特定種類的音樂有所偏愛。實際上，在子宮裡的孿生兒可能對同一首音樂有不同的反應。條件反射式的學習在這個階段的發展中出現：妳的寶寶會以猛烈的踢腳來表示不高興，當透過腹部做按摩時，會以持續的手臂和腿的動作來對妳和其他的家人做反應。

★妳的身體變化（第七個月）★

週次	懷孕經驗
26	覆著妳懷孕的腹部皮膚變薄，並開始真正伸展開來。如果妳會出現妊娠紋的話，它們現在會變得較明顯。消化不良和心口灼熱可能比以前更加困擾妳。
28	現在妳的體重可能增加超過8公斤，其中的0.5公斤是妳乳房增加的重量。

（懷孕第七個月）

第 7 章

懷孕第八個月
——使生產更順利

❤消除不安的想像訓練法❤

和寶寶玩遊戲

在懷孕第八個月時，妳的寶寶已經相當大了，他的活動有力、反應靈敏，逐漸能辨識不同的聲音及外在環境。

同樣地，相信妳也能輕易地用心眼看到胎兒的模樣，並與他有良好的親密溝通。

在命名為「遊戲時間」的單元中，夫妻倆可以慈愛地撫摸或輕拍胎兒，以引發他某種程度的意識反應。

另外，「愉快的歎息」則是練習生產陣痛時所發出的歎息聲，以做為產前與胎兒溝通的方法。

利用想像來做產前準備

再過幾個星期就要生產了，所以，我們得花多一點的時間在陣痛及分娩的準備上。

使用想像訓練的練習，無非是要促進子宮頸部擴張，使胎兒容易通過產道而生出。「超越生產的恐懼」這個單元，就是要事先面對自己的恐懼，以緩和生產時的不安。

另外一個單元「產前二重唱」，必須和先生通力合作才能達成。

當然，和每個月份一樣，也要勤做前面所介紹的基本練習。不過，有一點更要緊的是，應該把進度超前到第九個月及生產時的練習，因為胎兒不會配合我們的進度出生。

練習⑲：遊戲時間

目　的：透過觸覺和遊戲與寶寶溝通。
方　法：觸摸、運動和遊戲。
參加者：媽媽、爸爸和胎兒。
進　度：有興趣的時候，每天數分鐘。

✿利用觸覺和寶寶玩遊戲

八個月大的寶寶已經可以和妳玩遊戲了。妳可以用右手手指按肚子的右側，再用左手手指按肚子的左側，如此重複做幾次。

寶寶的反應一定讓妳感到驚訝！對於手指的刺激，胎兒會用手或腳去碰觸被壓迫的地方。妳每按一下，他就用腳踢一下；連續兩、三次輕拍肚子的話，他就會連踢兩、三次。

許多媽媽都表示，在懷孕過程中所經歷的各種事情，以隔著腹壁感覺胎兒的手或腳最令人感動。

特別叮嚀

如果寶寶好像不太高興，沒有預期的反應，妳也不必失望。改天再試試吧！

練習⑳：超越生產的恐懼

目　的：克服對於陣痛和分娩的恐懼。
方　法：日記簿、肯定句和想像訓練。
參加者：媽媽。
進　度：這個月做一、兩次，每次三十～四十五分鐘。

以平靜的心情面對生產

愈接近預產期，孕婦就愈顯得急躁不安。有人可以轉化不安的情緒，安然度過壓力；也有人連續幾小時或幾天，都處於強烈不安的緊張狀態下。

當然不是說，只要以平靜的心情面對生產，就絕對不會發生問題；然而，它所具有的正面效應卻不容忽視。

懷孕婦女對生產心懷恐懼，不外是害怕分娩失敗，或是分娩時所引起的疼痛、裂傷，或是子宮頸擴張緩慢而費時甚久等等。

不論妳有什麼不安，都必須把它從心底揪出來，勇敢地面對它，進而解決它。

透過本練習，妳將很快認清自己的不安，而能客觀地看待這些問題。

✿利用肯定句擊垮恐懼

在確定三十到四十五分鐘之內不會受到任何人打擾後，拿起日記簿坐下來，閉上眼睛，自問：

「對於生產，我最感到不安的是什麼？」

先在腦子裡想五分鐘，然後打開日記簿，把心裡所想的情況都原原本本地寫下來。

寫完之後，就發出聲音逐字地讀，讀到種種不安完全烙印在心底為止。讀完一遍，再重複一遍，然後把這些否定句改成肯定的宣言。

比方說，妳對胎兒是否能順利通過產道感到極為不安，就可以這麼寫：

「我的寶寶一定會順利通過產道。」

若是對生產陣痛感到恐懼的話，妳就這麼寫：

「從陣痛到分娩的過程，我永遠也不會忘記，必定盡力去完成。」

發出聲音把宣言讀過之後，就把每個句子寫在日記簿上十遍。

寫完後，開始輕輕撫摸肚子，並想像胎兒在羊水中漂游的模樣。然後，充滿信心的跟寶寶說：

「放心吧！媽媽絕對沒有問題！」

接著，跟寶寶說再見，慢慢地站起來，恢復日常的生活。

特別叮嚀

如果妳喜歡的話，也可以在懷孕最後期間再做一次這個練習。但是別抱著妳的恐懼不放。在妳已經利用上述的方法直接面對它們之後，妳最好從此放開它們，然後毫無負擔地把妳的愛和溫暖灌注給胎兒。

練習㉑：產前二重唱

目　的：克服對於陣痛和分娩的恐懼。
方　法：夫妻對談。
參加者：媽媽和爸爸。
進　度：這個月做一次，三十～四十五分鐘。

✿讓先生分擔妳的不安

這個月份，妳必須挪出一次「親近的秘訣」（練習⑧）的時間，進行本練習。

跟平常一樣，和先生面對面而坐。確實運用對談的原則（參考練習⑧），把心裡真正的想法表達出來；而對方應該認真傾聽，不要插嘴、不要批判。

現在，妳可以向先生提出問題了：

「對於生產，令我覺得不安的是……」

先生應該這樣回答：

「謝謝妳告訴我這些。」

然後，輪到妳了：

「還有一點也讓我覺得不安，那就是……」

先生還是應該回答：

「謝謝妳把這件事情說出來。」

當聽眾的時候，記得注視對方的眼睛。然後按照這種方式，將心中所有的不安完全表達出來。

接下來，調換角色，換妳去聆聽先生的不安。

對談結束之後，跟「親近的秘訣」這個練習一樣，把不安的句子改成肯定的宣言，讓不安的情緒煙消雲散。

特別叮嚀

運用本練習，由夫妻倆共同分擔生產的恐懼，並加以克服。然後，接著做下面介紹的三個練習，為生產做好充分的準備。

練習㉒：愉快的歎息

目　的：利用呼吸法及歎息法為陣痛做準備，並和胎兒溝通。
方　法：想像訓練和呼吸法。
參加者：媽媽。
進　度：一週至少一次，每次三十分鐘，適於其他的孕期。

✿用大口歎氣來做生產預演

和練習⑯中所介紹的「巧妙的呼吸法」一樣，「愉快的歎息」也是根據瑜珈專家的研究，運用呼吸法來達到自我放鬆的目的。不同的是，在每一次吐氣的時候，必須加上一長聲「啊——」的歎息。

這一聲歎息必須發自喉嚨深處，它不但可以達到與胎兒溝通的目的，並且具有陣痛時放鬆身體的功效。

進行本練習之前，須先確定能擁有三十分鐘的獨處時間，然後採取輕鬆舒坦的姿勢坐下來。把一手放在腹部上三到五分鐘，注視肚子並想像胎兒的模樣。

想像寶寶小小的身體，小小的手指及腳趾，大大的頭和彎曲可愛的腳。想像寶寶小小的臉有纖巧的五官，正舒服地躺在羊水中眨眼呢！

在妳確實掌握寶寶的樣子後，將雙手放在肚子上，心裡想著寶寶，然後做下面的動作：肚子向前凸時吸氣，肚子往後縮時吐氣。

吐氣的時候，必須張開嘴巴，從喉嚨深處發出一長聲的「啊——」。這個聲音是模仿陣痛時，孕婦為了忍痛所自然發出的呻吟。將這套動作重複練習兩遍。

✿能夠抒發情感的歎息

當妳感覺自己身體的規律和寶寶一致的時候，可以閉起眼睛，把肚子往前凸時吸氣；一邊吸氣，一邊想像自己的身體是一條春風拂過的深長隧道。吸進來的氣體像春風一般拂過身體，在肚子裡輕輕按摩寶寶。

接著，肚子往後縮並吐氣；同時張開嘴巴，從喉嚨深處發出一長聲「啊——」的歎息。

重複前面吸氣和吐氣的動作，並且把雙手放在肚子上，想像抱著胎兒的模樣，前後輕輕搖晃。

吸氣和吐氣的時間，大約各花五秒鐘。每次吸氣時，都要用心感覺氧氣通過鼻子，進入肺部，輸送到胎兒身上。吐氣時，完成任務的廢氣，也跟著排出體外。

好好練習，直到所有的動作嫻熟為止。

這套呼吸法，可以使妳心情穩定，並且使妳跟寶寶之間的連繫更貼近。當生產陣痛開始時，這個歎息聲就會發揮它最大的功效，幫助妳抒發情感、緩和疼痛。

練習㉓：盛開的花朵

目　的：為生產時子宮頸擴張做準備。
方　法：想像訓練。
參加者：媽媽。
進　度：一週兩次，每次十五分鐘，從現在直到生產。

✿生產過程可以排演

我們一直在運用想像訓練，來達到放鬆心情、增進健康、連繫內在情感以及與胎兒溝通等目的。現在，我們也要利用想像，安排生產前的預演。

在拉梅茲法的學習會中，教導孕婦利用呼吸法來減輕生產的疼痛。想像訓練和呼吸法同樣具有減輕生產疼痛的效果，這就是我們所要介紹的「盛開的花朵」。

從現在直到生產為止，每個星期兩次，每次練習十五分鐘，就可以使妳在生產時，子宮頸部易於擴張。這就等於在為生產做排演。

✿想像自己是一朵盛開的花

開始之前，採取輕鬆的姿勢坐下來，在十五分鐘內不會有人打擾的情況下進行。可能的話，放下窗簾或熄燈。

現在，利用放鬆練習（練習②），讓自己的精神進入鬆弛的狀態。然後，想像自己正漫步於百花盛開的庭院中，尋找妳最喜歡的花朵。

妳瞧！紅豔的玫瑰、潔白的百合，以及黃色的蒲公英。摘一朵妳最喜歡的花放在手裡，開始想像花苞逐漸伸展，一瓣一瓣地向外綻放的情形。

仔細凝視花的顏色、花瓣上的露珠、花蕊上的花粉，以及芬芳濃郁的香味，甚至鳥啼蜂鳴皆一一可聞。

盡其所能，想像花開的情形約五分鐘之後，張開眼睛，將視線放在自己的骨盆上。然後，把花瓣和子宮頸的肌肉聯想在一起，花朵慢慢地綻開，子宮頸慢慢地擴張，傾力去感覺骨盆附近的肌肉在鬆懈。

同樣花五分鐘的時間，想像到花和子宮頸全開為止。然後，再想像花和子宮頸閉合的情形。

實際生產時，妳的子宮頸將像旭日東昇時花開一般，順利地擴張；在寶寶出生後，子宮頸也會像花朵隨著夕陽西下而閉合一樣，自然地還原。

生產是人類幾千年來共同的經驗，是完全自然的過程，妳一定要相信自己的身體能夠辦得到。

現在，擺動妳的手指和腳趾，張開眼睛，恢復正常的意識狀態吧！

特別叮嚀

在實際陣痛期間，要不斷重複這個練習，幫助子宮頸順利擴張。

練習㉔：發出耳語的長笛

目　的：為寶寶順利通過產道做準備。
方　法：呼吸法和想像訓練。
參加者：媽媽。
進　度：一週一次，每次十分鐘，從現在直到生產。

想像自己變成一支長笛

開始之前，確定十分鐘內不會受到別人打擾，然後舒適地坐下來。兩手放在肚子上，兩腳張開，用嘴巴吸氣、吐氣（各花五秒鐘）。

重複這個動作，吸氣、吐氣，深深地、更深地。重複練習兩遍。

吸氣時，想像妳的嘴巴到產道是一支首尾貫穿的長笛。想像自己正在吹笛子，氣體經由嘴巴吹進子宮，然後通過產道排出體外。

當空氣送入笛管，輕拂管壁，感覺所有周圍的組織和肌肉逐漸鬆懈，並慢慢擴張，直到完全暢通無阻。

熟悉這項練習以後，試吹一首長笛演奏曲吧！充分運用妳豐富的想像力，輕鬆愉快地做好產前準備。

特別叮嚀

分娩時，記得利用呼吸法及想像訓練。如果妳知道這項練習對妳生產的幫助有多大的話，妳一定會好好應用的。

★胎兒成長的第八個月★

週次	大小與體重	胚胎、機能與心理的改變
32	38公分 （以坐姿測量） 2～2.5公斤	妳的寶寶在過去一個月內增加了約一公斤重，這些增加的體重大多數是由皮下脂肪所組成。眼皮已經不再閉合，眉毛和頭髮也出現了。皮膚可以有效地防止寶寶體溫的散失。在這個月內，右腦和左腦半球開始合作。妳的胎兒對媽媽、爸爸和陌生人的聲音會有不同的反應。如果現在就出生的話，妳的寶寶可以在子宮外相當容易地生存。

★妳的身體變化（第八個月）★

週次	懷孕經驗
30	妳可能開始又覺得很疲倦，甚至感到精疲力竭。如果妳太操勞的話，妳可能覺得氣喘。如果妳低頭看自己的腹部，妳會發現肚臍平了，那條稱為黑線的深色線條很清楚地沿著腹部往下延伸。
31	妳的肋骨可能開始往外擴張，以容納妳迅速擴大的子宮。妳會感到背痛或全身不適。妳的膀胱會敏感而飽脹，使妳覺得常想排尿。當寶寶的頭下降到骨盆腔時，妳會覺得相當不舒服。大約在這個時候，妳也會注意到希克斯氏收縮的增加，也就是子宮會經常產生一種無痛的、不規則的鬆弛與緊縮。

第 8 章

懷孕第九個月——增強自信

❤生產前的最後檢查❤

為生產做好物質及心理的準備

懷孕進入第九個月，是最後的衝刺階段囉！

妳的寶寶從妳的血液中取得抗體來保護自己，頭髮長長了一點，指甲也長了。到了本月底，胎兒便完全成熟。平均體重約三公斤，身長約五十公分。

總而言之，妳應該在這個時期完全做好生產的準備。當然，不是說所有東西都要準備齊全，但至少要列一張表，以確定自己有無疏漏（參考下一頁附表）。

從醫院把寶寶抱回家時所穿的衣服必須預備著，要用尿布或紙尿布也應該先想好，將來要看哪一家小兒科醫生，最好也事先決定（跟鄰居打聽看看，找一家附近可靠的診所）。另外，萬一有什麼育兒上的問題，該到什麼機構諮詢（一般衛生所皆有受理），都是不可忽視的。

產假結束後，仍然要回到工作崗位的婦女，應該早點和先生商量照顧寶寶的問題。可以考慮請父母、親戚或托兒所、托嬰中心代為照顧。

★產前應準備的嬰兒用品★

◆尿布（二十～三十片）、尿褲（三、四件）。

◆衣服（內衣、嬰兒專用服、外套、裹身的毯子）。

◆棉被（墊被、蓋被、毯子、毛巾被）。

◆沐浴用品（嬰兒澡盆、洗臉盆、水溫計、紗布、嬰兒香皂或沐浴乳、浴巾、棉花棒、嬰兒油）。

◆奶瓶（二、三支）、奶嘴（數個）。

◆脱脂棉、指甲刀、體溫計。

物質方面的問題容易解決，對於迎接生產的心理準備可要特別慎重。

本月份只有「周全的準備」一個練習，為妳介紹加強生產自信的方法，其他時間就好好準備生產的一些瑣事吧！

不過，在時間允許的範圍內，可以從前面幾個月學習的單元中，選擇妳認為特別有意義或有幫助的練習來做。

練習㉕：周全的準備

目　的：使陣痛和分娩符合理想。
方　法：肯定句和日記簿。
參加者：媽媽。
進　度：一天一次，一次五分鐘，直到生產。

自信能忍受生產的陣痛

開始時，請按照順序讀下面的句子：

我能夠充分忍受生產的陣痛。

我能夠進行完全自然的分娩。

生產是很平常、很健康的事。

為了寶寶和我自己，我必須做安全而正常的生產。

我已經完全做好生產的準備。

讀完之後，把日記簿拿出來，在空白頁的中央畫一條線，然後在左邊寫上激勵自己的宣言。別忘了加上自己的名字當作主詞。

比方說，妳的名字叫做米雪，就把宣言寫成：

「我，米雪，能夠充分忍受生產的陣痛。」

一邊抄寫激勵的宣言，一邊努力感覺字句的意義，甚至發出聲音來讀。

接著，在日記簿的右邊寫下自己對宣言的感想。如果認為宣言與自己的實際情況不符的話，也把理由寫下來。

每一句宣言寫五到十個感想，把心中所有的疑惑、不安或喜悅全都記錄下來。並且一邊寫，一邊注意自己心境上的變化。

妳是否發現自己否定的情感，隨著筆落處逐漸消失，取而代之的是積極而肯定的念頭（這個單元的做法和練習④激勵自己一樣，請參考該練習）。

如果妳還有其他激勵的宣言，可以隨時補充上去。重要的是，妳能藉此增強自信，幫助妳度過陣痛和分娩的難關。

★胎兒成長的第九個月★

週次	大小與體重	胚胎、機能與心理的改變
35	35～37.5公分 3公斤	妳的寶寶的頭大約在這個時候會降到骨盆腔裡，尤其如果妳是第一次懷孕的話。
36 ≀ 38	52公分 3.5公斤	妳的寶寶現在是頭下腳上的姿勢。他的頭在陣痛開始前會降到骨盆腔。他的手指甲和腳趾甲已經形成。他的動作變少了，因為空間變得太窄。他的心智已經發展成熟，準備迎接外面的世界了。

★妳的身體變化（第九個月）★

週次	懷孕經驗
34	妳的寶寶的動作減少了，因為子宮裡的空間變得過於狹窄。但妳仍然可以感覺到他的手和腳強而有力的推擠和衝撞。
35～36	妳的肋骨可能開始往外擴張，以容納妳迅速擴大的子宮。妳會感到背痛或全身不適。妳的膀胱會敏感而飽脹，使妳覺得常想排尿。當寶寶的頭下降到骨盆腔時，妳會覺得相當不舒服。大約在這個時候，妳也會注意到希克斯氏收縮的增加，也就是子宮會經常產生一種無痛的、不規則的鬆弛與緊縮。
38	妳的子宮頸分泌大量帶點血的黏液。妳的羊水也可能破了。子宮收縮開始，強度和頻率都逐漸增加。陣痛開始了。

第9章

即將生產——迎向陽光

❤心裡要有「新家庭」的概念❤

妳是生產的主角

近百年來，生產的地點從家庭進入醫院。以前的孕婦生產時，大部分是在自己的家裡，由助產士或家人來幫忙；現在，則是在設備齊全的醫院，由專業技能的醫師來接生。

這種變化當然是可喜的事，因為在醫院生產，可使媽媽和胎兒的負擔都減低到最小的程度。然而，另一方面，醫生容易將生產醫學化，把孕婦當作患者，讓人產生不自在的感覺。

生產不是病，這應該是極明顯的事。

然而，事實上，只要孕婦一踏進醫院，就被當作眾多患者之一，必須穿上醫院的衣服，胸前掛一個標有號碼的名牌，遵守醫院的一切規定。

甚至，躺在候產室時，不時有陌生護士或實習醫師來查詢或診斷。如果妳不事先熟知這些狀況的話，可能會引起很大的不安。

本來對自己及寶寶的身體狀況很有把握的媽媽，住院之後，化主動為被動，可能使信心喪失殆盡。

很多孕婦不好意思將自己的希望或想法告訴醫生，彷彿這樣做有點踰越本分；或者認為表達出來，醫生也不一定會接受妳的建議，所以乾脆就不說。若是這樣，那妳就錯了！因為，妳才是生產真正的主角。

如果妳完全處於被動的狀態，而陷於不安或焦慮的話，將成為生產的阻礙。

和醫生做充分的溝通

決定好醫院後，建議妳在生產前和負責接生的醫生充分溝通，詢問生產的實際過程，並且將妳本身的希望確實表達出來，讓生產在安靜、舒適的氣氛中完成。

幸運地，現代醫療方式已經有很大的改善，有些醫院確實能重視孕婦的想法，使生產過程更加人性化。所以，勇敢地表達妳的意願，相信醫生會儘可能給予圓滿的回應。

以下幾點事項，可以事先和醫生商量：

- 候產室安不安靜？是不是跟家裡一樣舒適？
- 陣痛的時候可以走動嗎？
- 生產時，先生和親友可不可以在旁陪伴？（如果家人在場的話，可以協助孕婦防止一些非意願的事情發生）。

．會陰部的切開或鉗子的使用，是否未經孕婦本身或家人同意的話，就不可以進行？

．陣痛或分娩時，可否播放懷孕期間所聽的胎教CD或錄音帶？

．嬰兒出生後，可不可以讓媽媽抱抱？

．嬰兒出生後，爸爸是不是可以摸摸孩子？

當然，上述各項請求不一定能夠完全如願。因為醫院設備的限制，或個別情況的不同，很可能要犧牲某些期望。但是，不要一開始就放棄妳的理想，不妨與醫生溝通看看。

好好利用想像訓練

如果妳的實際陣痛已經開始的話，可以從過去練習的單元中選擇幾個，按照意願來做。

懷孕期間經常聽的音樂帶，記得一塊兒帶進醫院。

特別是在懷孕第八個月所學習的「盛開的花朵」（練習㉓）和「發出耳語的長笛」（練習㉔），對於生產很有幫助，一定要記得做。

如果在等待生產的時候，感覺自己的信心稍有動搖時，就做做下面所要介紹的練習㉖，以穩定自己的情緒，等候一次人生難得的經驗。

特別叮嚀

如果院方允許的話，產後最好能母嬰同室，這樣，不論妳是否餵母奶，都能增加和寶寶接觸的機會。我們在前面已做過說明，肌膚之親對於孩子的發育確實很有幫助。

出院後，趁著記憶猶新之際，把生產過程儘量詳細記錄下來。包括：如何進行分娩？產房的設備如何？第一眼看到孩子的感覺又如何？生產後，先生和自己談過哪些話？無一不可做為記錄的材料。將來有一天，孩子長大了，這些關於生產的點點滴滴，一定能加深他對父母的愛。

有人細心地把孩子出生後的照片和成長日記保留下來，卻忽略了胎教和生產的記錄。也有人在生產完很久以後，才想到要寫下來，然而記憶早已模糊，真是太可惜了。

所以，在此要特別提醒妳做胎教及生產的記錄，這將是送給孩子最佳的禮物。

練習㉖：我一定能做到

目　的：在陣痛和分娩時增加自信。
方　法：肯定句。
參加者：媽媽。
進　度：隨時進行，適於陣痛和分娩時。

增加自信的陣痛宣言

下面所介紹的肯定宣言，是幫助妳更有自信地面對陣痛和分娩。感到對自己比較有幫助的句子，一定要多唸幾遍：

我要進行自然的分娩。

我已經做好生產的準備。
子宮強大的收縮力，會順利將孩子送到體外。
我能夠將孩子帶到這個世界來。
自然的法則會幫助我的子宮收縮。
我的子宮頸像正在盛開的花朵，孩子可以順利通過。

國家圖書館出版品預行編目資料

胎兒心理學家教妳做好胎教/湯瑪士・維尼（Thomas Verny）、潘美拉・威瑟（Pamela Weintraub）作；顏慧琪譯. —初版. −−新北市新店區：世茂, 2010.08
面；公分.（婦幼館；115）
譯自：Nurturing the Unborn Child
ISBN 978-986-6363-56-6（平裝）

1. 胎教 2. 懷孕

429.12　　99007956

婦幼館 115

胎兒心理學家教妳做好胎教

作　　者／湯瑪士・維尼（Thomas Verny）、
潘美拉・威瑟（Pamela Weintraub）
譯　　者／顏慧琪
主　　編／簡玉芬
責任編輯／謝翠鈺
封面設計／比比司設計工作室
版式設計／江依玶
出 版 者／世茂出版有限公司
負 責 人／簡泰雄
地　　址／(231)新北市新店區民生路19號5樓
電　　話／(02)2218-3277
傳　　真／(02)2218-3239（訂書專線）、(02)2218-7539
劃撥帳號／19911841
戶　　名／世茂出版有限公司
單次郵購總金額未滿500元（含），請加50元掛號費
酷 書 網／www.coolbooks.com.tw
排　　版／江依玶
製　　版／辰皓國際出版製作有限公司
印　　刷／長紅彩色印刷公司
初版一刷／2010年8月
三刷／2014年3月

ＩＳＢＮ／978-986-6363-56-6
定　　價／240元

黏貼處

電話：(02) 22183277
傳真：(02) 22187539

世茂好書・豐富心靈

世潮精典・智慧同行

231新北市新店區民生路19號5樓

世茂
世潮 出版有限公司 收
智富

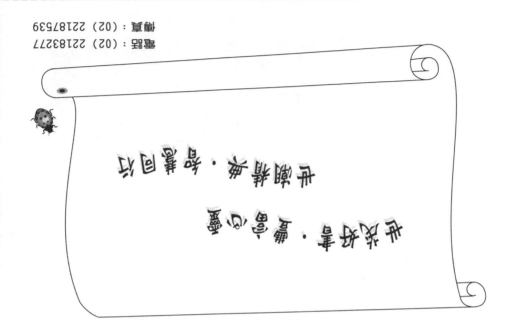

黏貼處

請沿虛線剪下裝訂寄回，謝謝！

讀者回函卡

感謝您購買本書，為了提供您更好的服務，歡迎填妥以下資料並寄回，
我們將定期寄給您最新書訊、優惠通知及活動消息。當然您也可以E-mail：
Service@coolbooks.com.tw，提供我們寶貴的建議。

您的資料（請以正楷填寫清楚）

購買書名：________________________________

姓名：________________ 生日：______年____月____日

性別：□男 □女 E-mail：________________________

住址：□□□______縣市__________鄉鎮市區__________路街
______段______巷______弄______號______樓

聯絡電話：________________________

職業：□傳播 □資訊 □商 □工 □軍公教 □學生 □其他：______

學歷：□碩士以上 □大學 □專科 □高中 □國中以下

購買地點：□書店 □網路書店 □便利商店 □量販店 □其他：______

購買此書原因：___ ___ ___ ___ ___ ___（請按優先順序填寫）
1封面設計 2價格 3內容 4親友介紹 5廣告宣傳 6其他：______

本書評價：____ 封面設計 1非常滿意 2滿意 3普通 4應改進
____ 內　　容 1非常滿意 2滿意 3普通 4應改進
____ 編　　輯 1非常滿意 2滿意 3普通 4應改進
____ 校　　對 1非常滿意 2滿意 3普通 4應改進
____ 定　　價 1非常滿意 2滿意 3普通 4應改進

給我們的建議：---

